職商 EELTAP
職場生存術

周元如、劉燁 著

E	E	L	T	A	P
Education 教育	Experience 經驗	Leadership 領袖氣質	Teamspirit 集體主義精神	Attitude 態度	Passion & Performance 熱情和效益

推薦人

◆台北榮民總醫院 品質中心主任

精神科主治醫師 周元華博士

◆中原大學 工業與系統工程系

系主任 周永燦博士

◆中原大學 工業與系統工程系

江瑞清教授

◆文創產業創業家 賴世若執行長

U0075410

崧燁文化

目錄

目錄

目錄

職商 EELTAP

職商 EELTAP

　　職商又稱職業智力 (CareerIntelligence)，是一種動態職業情境中的成功智力，是人們在面對與工作、職業有關的問題時所表現出來的綜合應對能力瞭解自己的「職商」，可以幫助你少走冤枉路，用長遠的眼光看清自己，讓自己在職場領域獲得最大程度的發展。此書不失為你人生職涯上的「職場」秘經，它能把你帶往光明的彼岸。

　　職商是一個多維構念，包含了人力資本、職業內省、個人適應性、公司意識四個維度；人力資本包括所有與工作相關且可轉移的 KSAOs，是個體實現績效目標的首要前提，也是受雇前提。職業內省是對自我和環境的深度認識，是個體在與情境對話中對自己的價值觀、興趣、能力等個體因素，以及工作特徵、職業前景等環境因素的認知和評價，最終鎖定職業目標。個人適應性是指個體有意願且有能力改變個體因素（如 KSAOs，性情，行為等）以適應環境變化的需要，表現為「對不確定性和模糊性的容忍度」。公司意識是一種員工作為組織經營主體的主角意識，體現為對職位、對團體、對整個組織負責的態度。

序　言

序 言

人生最終的決勝在於職場，而職場的決勝在於「職商」的高低。

何謂「職商」？

「職商」這一新詞的含義縮寫成「EELTAP」：Education 是教育，最基本的因素；Experience 是人生經驗，包括社會和家庭經驗；Leadership 是領袖氣質，需要有領導才能；Teamspirit 是集體主義精神，能夠與人合作；Attitude 對生活的積極態度；P 有雙重意義，一是 Passion 熱情，二是 Performance 效益。

「職商」概括為包含了教育、人生經驗、領導才能、合作精神、積極態度、熱情、效益等因素的綜合能力，以及通過這些綜合能力，在對職業發展進行判斷中的準確性和契合度。我們每個人都應檢討自己的「職商」究竟如何：你受的教育夠不夠，是否還需要經常「充電」？你的經驗豐不豐富，是否需要向同事們學習？你適不適合當領袖，是否需要繼續提高自己的能力？你是否是棟樑之材，卻在小職位上，需要調整……

作者數年來為世界 500 多家企業的諮詢顧問和面試官，首次得出「職商」概念，並根據自己在成功企業多年的人力資源從業經驗寫作了此書，引起了強烈的迴響，被 500 強眾多企業作為選拔、培訓高職「職商」員工的標準文本。其內容包括：

IQ 測試智力猶如一把刻度尺，用來衡量工作，是反映你勝任日常巨細工作的能力程度。你的這種能力越突出，你就越能承擔重大的、尤其是複雜的工作使命，而少遭受挫折的風險。這顯然對職場的規劃有著明顯的作用。

EQ 測試「情商」是一個人重要的生存能力，是一種發掘情感潛能、運用情感能力影響生活的各個層面和人生未來的關鍵性的品質要素。心理學的研究證實，「情商」是一種能洞察人生價值、揭示人生目標的悟性；是一種克服內心矛盾衝突和協調人際關係的技巧；是一種可在順境和逆境中穿梭自如的能力。

個性與職場儘管你會根據你所處的環境和所打交道的人採取不同的行為方式，但不管怎樣你都有一個保持不變的個性。關於個性，你可以問自己：「我的個性特徵是否適合這種職業？」你還可以問自己：「我所喜歡的職業是否與自己的個性特

徵相匹配？」如果它們不相符，也並不意味著你就不適合某種職業，不過，你卻應該認真思考如何用自己的個性來使自己成功。

　　職場應對能力測試你是否具備協調、委任、管理、磋商、組織、說服、銷售和監管的能力？你能順利走過面試關嗎？你現在該跳槽了嗎？你能抓住升遷的機會嗎？這諸多的問題都是你職場開拓中必須面對和迫切需要弄清的問題。

　　工作效能測試在現在這個「一刻千金」的時代，效能是每個人追求的目標。效能是競爭最有力的資本。無論是誰，都應想方設法提高自己的工作效能。因為這就意味著生存，意味著職場開拓擁有一片美好的前景。

　　人生經驗測試人生經驗是否豐富，決定了你是否能在職場中遊刃有餘地發揮。如果你的人生經驗豐富，你勢必凡事處理得當、合情合理，可以說很有藝術，但又不八面玲瓏、圓滑逢迎。無論你工作的場合如何，笑臉和友善總伴隨在你周圍。

　　心理素質測試心理學家說：「相由心生，有什麼樣的心境，就有什麼樣的人生。成功的企業家們說：「一個人連小小的人生打擊都承受不了，又怎能在今後艱難曲折的奮鬥之路上建功立業。」心理素質的好壞，往往決定了你在職場中是否能取得成功。

　　領導能力測試領導者應具備領導和管理能力，良好的親和力，較強的識人、管人、用人能力，優秀的決策力，都是企業要求領導者具備的基本能力。

　　合作能力測試團結才有力量，只有與人合作，才能眾志成城，戰勝一切困難，產生巨大的前進動力。有了合作，才有了團隊偉大的業績，才有了個人輝煌的成就。

　　創業能力測試為何你有創業的欲望？你真的想為自己工作嗎？走上創業這一條路一定要有正面的理由，還要有自信能夠滿足市場的需求。除此之外，你是否問過自己：我的創業能力如何呢？我具備創業者的素質嗎？我該自己創業嗎……

　　除了以上這十個方面的內容之外，作者還總結了企業常用的具體技能評估試題，旨在幫助你瞭解自己是否具備良好的職場技能。

　　作者用自己多年的經驗，提醒以往或正在職場上春風得意的職員：過分自信不可取，人要及時審查自己，找出不足和先天缺陷。優越的待遇和工作環境，往往使得很大一部分職場人士對人力市場的變化和行情處在無知和盲目狀態，自我感覺良好，天下惟我獨尊，殊不知職業市場早已風雲突變。在人的一生中，找到一份稱心

如意的工作很不容易，而要保證在人的一生四十年左右的職場上不斷改變自己、充實自己、提高自己，確實不是易事，需要有較高的「職商」支撐。

　　瞭解自己的「職商」，可以幫助你少走冤枉路，用長遠的眼光看清自己，讓自己在職場領域獲得最大程度的發展。此書不失為你人生職涯上的「職場」秘經，它能把你帶往光明的彼岸。

第一章　測測你的 IQ

第一章 測測你的 IQ

　　智力猶如一把尺，用來衡量工作，是反映你勝任日常巨細工作的能力程度。你的這種能力越突出，你就越能承擔重大的、尤其是複雜的工作使命，而少遭受挫折的風險。這顯然對職場的規劃有著明顯的作用。一位成功企業的著名 CEO 提醒你：「人的平均智商為 100，雖然足以為其開拓職場奠定基礎，但如果沒有智力的再提高，卻無法系統和持久地成就其職場的輝煌。」

▌1.IQ 自測自查

　　這是歐洲流行的智商測試題，也是成功企業常用來測試員工的黃金測試版。共 33 題，測試時間 25 分鐘，最大 IQ 為 174 分。如果你已經準備就緒，請開始計時。

第 1～8 題：請從理論上或邏輯的角度在後面的空格中填入後續字母或數位。

1. A，D，G，J

2. 1，3，6，10

3. 1，1，2，3，5

4. 21，20，18，15，11

5. 8，6，7，5，6，4

6. 65536，256，16

7. 1，0，-1，0

8. 3968，63，8，3

第 9～15 題：請從備選的圖形 (a，b，c，d) 中選擇一個正確的填入空白方格中。

9.

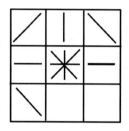
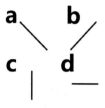

10.

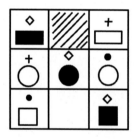

11.

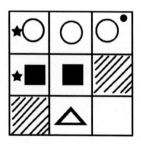
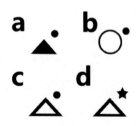

12.

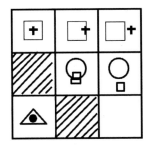
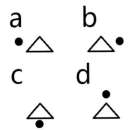

13.

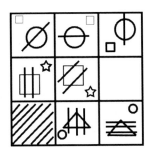
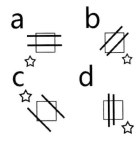

14.

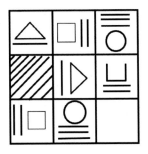
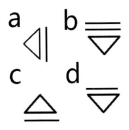

15.

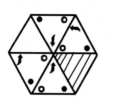 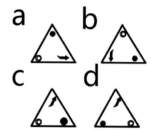

第 16 ～ 25 題：選擇圖形填入空缺方格，以滿足下列圖形按照邏輯角度能正確排列下來。

16.

　　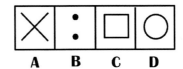

17.

18.

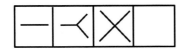　　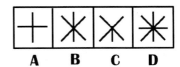

19.

20.

　　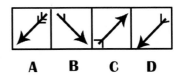

21.

A　　B　　C　　D

22.

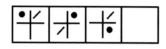　　　　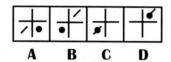

A　　B　　C　　D

23.

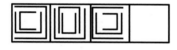　　　　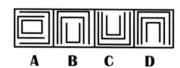

A　　B　　C　　D

24.

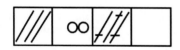　　　　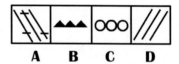

A　　B　　C　　D

25.

　　　　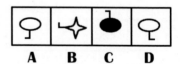

A　　B　　C　　D

第 26～29 題：四個圖形中缺少兩個圖形，請在右邊一組圖形（a，b，c，d，e）中選出兩個填入空缺的方格以使下列圖形從邏輯角度上能成雙配對。

26.

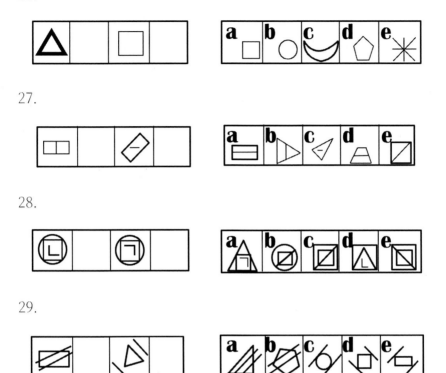

27.

28.

29.

第 30 ~ 33 題：在下列題目中每一行都缺少一個圖，請在右邊一組圖形 (a，b，c，d) 中選擇一個插入空缺方格中以使左邊的圖形從邏輯角度上能成雙配對。

30.

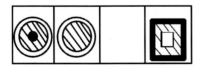 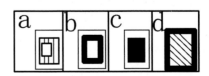

19

31.

32.

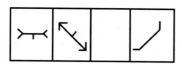 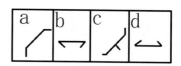

33.

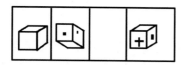 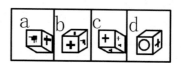

參考答案：

1.「m」或「M」	2.「15」	3.「8」	4.「6」
5.「5」	6.「4」	7.「1」	8.「2」
9.b	10.d	11.c	12.a
13.c	14.d	15.c	16.c
17.b	18.d	19.d	20.d
21.c	22.c	23.d	24.b
25.a	26.a 和 d	27.b 和 c	28.a 和 d
29.b 和 d	30.d	31.c	32.b
33.c			

計分評估：

　　計分時請注意，先分別按計分標準算出各部分得分，而後將幾部分得分相加，得到的那一分值就是你的最終得分。

　　第 1 ～ 8 題，每題 6 分，計分。

　　第 9 題 6 分，第 10 ～ 15 題，每題 5 分，計分。

　　第 16 ～ 25 題，每題 5 分，計分。

　　第 26 ～ 29 題，每題 5 分，計分。

　　第 30 ～ 33 題，每題 5 分，計分。

　　總計為分　　　。

專家提示

　　上述這套智力測試題非常流行，被專家、學者，以及大多數人認可，而且被百事公司、麥當勞公司、寶潔公司、雀巢食品公司等世界諸多知名企業認同，作為員工招考、員工素質調查的基本試題。

　　經過測試和評分以後，如果你的分值在 70 分以下，說明你的智力存在嚴重問題，在 70 ～ 89 分，說明你的智力低下，在這兩個範圍之內的人，在社會生活中成功的機會微不足道，潛在的事業機會很小。如果你的得分在 90 ～ 99 分，說明你的智力中等，你在生活中要想成功，必須力爭，潛在的事業機會是一些簡單的組裝、服務、輔助工作。得分在 100 ～ 109 分，說明你的智力中上，而要想成功你就不能懈怠，你潛在的事業機會是辦公室和銀行職員或業務員、員警、設備管理負責人等。得分在 110 ～ 119 分，說明你的智力優秀，在 120 ～ 129 分，說明你的智力非常優秀，處在這兩個範圍內的人，在社會生活中成功的機會唾手可得，但不能因此而驕傲，潛在的事業機會是中級管理層、教師、金融或稅務等專業性人才。如果得分在 130 ～ 139 分，說明你的智力非常非常優秀，成功對你而言並非難題，但切記貴在堅持，潛在的事業機會有律師、檢察官、自然科學家、高級管理層等。如果你的得分在 140 分以上，那你就是一位天才，可這樣的人往往很少。

2. 你的邏輯推理能力係數為多少

　　通過前面測試，你對自己的智商應該有了一個基本的瞭解。如果你具有超凡的智商，那麼恭喜你；如果你的智商只是一般或偏低，你也無需傷心，因為影響智商的因素較多，智商測試不理想，並不代表你一無是處，或許在某一方面你就是強者。

　　分別找到自己較強、一般和較差的方面，強的繼續保持，一般和較差的努力彌補不足，你仍會有許多成功的機會，甚至還會受到成功企業的垂青。從本測試開始，將幫助你更詳細地瞭解自己的 IQ，首先是你的邏輯推理能力。

測後講評：

　　1. 本測試用於測量你的邏輯推理能力。

　　2. 在保證正確的前提下，完成測試的速度越快越好。

　　3. 為了提高答題速度，可以用筆做草稿。

　　如果對這個測試的規則已經明白，請你拿出一支手錶來，先在這裡寫下現在的時間：，然後開始做題。當你完成所有的測試以後，不要忘記計算一下自己一共花費了多少分鐘。

開始測試：

　　1. 按滑鼠比賽開始了，參賽者保羅 20 秒鐘能按 20 下；安 10 秒鐘能按 10 下；湯姆 5 秒鐘能按 5 下。以上各人所用的時間是這樣計算的：從第一次按開始，到最後一次按結束。請問，在比賽中他們是否能打成平手？如果不能，誰將最先按完 60 下滑鼠？（　　）

　　A. 能打成平手　　　　　　B. 保羅先按完 60 下

　　C. 安先按完 60 下　　　　　D. 湯姆先按完 60 下

　　2. 一隻青蛙掉進了一口 18 英尺深的井裡。每天白天它向上爬 6 英尺，晚上向下滑落 3 英尺。按這一速度，請問青蛙多少天能爬出井口？（　　）

　　A.3 天　　　　　　B.4 天　　　　　　C.5 天　　　　　　D.6 天

3. 有兄妹倆，1993 年的時候，哥哥 21 歲，妹妹的年齡當時是 7 歲，請問到什麼時候，哥哥的年齡才會是妹妹年齡的兩倍？（　）

A.1997 年 　　　　　　　　 B.1998 年 　　　　　　　　 C.1999 年

D.2000 年 　　　　　　　　 E.2001 年

4. 托比、羅勃和弗蘭克都吃盒裝工作餐，薩姆、喬和湯尼都在小賣店購買午飯，弗蘭克、薩姆和喬乘公共汽車上班，喬、羅勃和湯尼都已婚，請問誰已婚並吃盒裝午間工作餐？（　）

A. 托比 　　　　　　　　 B. 羅勃 　　　　　　　　 C. 弗蘭克

D. 薩姆 　　　　　　　　 E. 喬 　　　　　　　　 F. 湯尼

5. 假如你有一把小核桃，你自己吃了一個，然後把剩下的核桃分了一半給同事麥克，然後你又吃了一個，繼續把剩下的核桃分了一半給同事露西，現在你數了一下，發現自己還有 5 顆小核桃。請問你原來共計有多少顆核桃？（　）

A.22 　　　　 B.23 　　　　 C.24 　　　　 D.45 　　　　 E.46

6. 如果下列每個人說的都是假話，那麼請問是誰打碎了花瓶？（　）

道夫：吉姆打碎了花瓶；

湯姆：道夫會告訴你誰打碎了花瓶；

夏克：我沒打碎花瓶，可能是道夫幹的；

艾力克：道夫、夏克和我不可能打碎花瓶；

吉姆：我打碎了花瓶；

哈伯特：艾力克打碎了花瓶，所以道夫和夏克不太可能。

A. 道夫 　　　　　　　　 B. 湯姆 　　　　　　　　 C. 夏克

D. 艾力克 　　　　　　　　 E. 吉姆 　　　　　　　　 F. 哈伯特

7. 學校數學競賽，ABCDE 五名同學得了前五名，他們五人預測名次的談話如下：

A 說：B 是第三，C 是第五；　　　B 說：D 是第二，E 是第四；

C 說：A 是第一，E 是第四；　　　　D 說：C 是第一，B 是第二；

E 說：D 是第二，A 是第三。

結果發現，每人的預測都只對了一半，那麼他們的實際名次是？（　）

A.DAECB　　　　　　B.EBACD　　　　　C.DBAEC　　　　　D.BADCE

E. 以上都不對

8.A 城在 B 城的東北，C 城在 B 城的東北，下列陳述中正確的一個是？（　）

A.A 城與 C 城的距離要比 C 城與 B 城的距離遠

B.A 城離 B 城的距離要比 A 城與 C 城的距離遠

C.B 城在 C 城的西南　　　　D.A 城在 C 城的西南

E. 以上說法都不對

9. 某案件的六個嫌疑分子 ABCDEF 交待了以下材料：

A：B 與 F 作案；　　　　　B：D 與 A 作案；

C：B 與 E 作案；　　　　　D：A 與 C 作案；

E：F 與 A 作案；　　　　　F：我不知道。

可司法人員確定此案是由兩人合作的，且有四個人各說對了一個罪犯的名字，一個說的全不對，請問哪兩位是罪犯？（　）

A.A 與 D　　　　　　　B.B 與 E　　　　　　C.A 與 E

D.A 與 B　　　　　　　E. 以上都不對

10. 埃普爾、傑克、菲利三位青年，一個當了歌手，一個考上了大學，一個加入了美軍陸戰隊。現已知：

A. 菲利的年齡比戰士的年齡大；

B. 大學生的年齡比傑克的年齡小；

C. 埃普爾的年齡和大學生年齡不一樣。

請問，三個人中誰是歌手？誰是大學生？誰是士兵？（　）

A. 埃普爾是戰士，傑克是大學生，菲利是歌手

B. 埃普爾是戰士，傑克是歌手，菲利是大學生

C. 埃普爾是歌手，傑克是戰士，菲利是大學生

D. 埃普爾是大學生，傑克是歌手，菲利是戰士

11. 大衛為慶祝父親生日買了一個大蛋糕，可是卻被人吃掉了。大衛氣憤極了，於是他就問了 4 個可疑的人，4 個人的回答是：

約翰說：「是高斯吃的。」

高斯說：「是比利吃的。」

柯林說：「我沒有吃。」

比利說：「高斯在撒謊。」

這四人中，只有一個人說了真話，請問是誰偷吃了大衛的蛋糕？（　）

A. 高斯　　　　　B. 約翰　　　　　C. 比利　　　　　D. 柯林

12. 英國劍橋大學的學生來自世界各地。彼德、蘇克、裡奇三人，一個是法國人，一個是日本人，一個是美國人。現已知：

A. 彼德不喜歡麵條，裡奇不喜歡漢堡包；

B. 喜歡漢堡包的是日本人；

C. 喜歡麵條的不是法國人；

D. 蘇克不是美國人。

請推測出這三名留學生分別來自哪個國家？（　）

A. 彼德是美國人、蘇克是日本人、裡奇是法國人

B. 彼德是法國人、蘇克是日本人、裡奇是美國人

C. 彼德是美國人、蘇克是法國人、裡奇是日本人

D. 彼德是日本人、蘇克是法國人、裡奇是美國人

參考答案：

1.B　　2.C　　3.D　　4.B　　5.B　　6.C

7.C　　8.C　　9.C　　10.B　　11.D　　12.D

第一章　測測你的 IQ

計分評估：

請參照以上答案，對自己的選擇進行計分，計分方法很簡單：

計算一下你正確的答案數 (R)，然後在這裡寫下你完成這個測試花了多少時間 (M)，接著請按照以下的公式計算一下你的測驗分數 (S) 為分。

$$S=(R-M)\times 5+105$$

專家提示

做完這個測試以後，你肯定會有一種感覺，那就是理性，太理性了。其實，邏輯推理能力就是很普通的思維測驗和大眾化的趣味推理分析。專家一致認為用這樣的方式來測量智力更加便捷。

根據測試，如果你的得分在 125 ～ 135 分，甚至更高，那真得恭喜你，你具有非凡的邏輯推理能力，這表明你更適合於做分析師、會計師、數學家或其他方面的科學家，因為這些工作對邏輯推理能力有相當的要求，在像伯特蘭·羅素和芭芭拉·麥克林多克這樣的人身上，其邏輯推理能力就高度發達，後者就因其在微生物學上卓越思想而成為諾貝爾醫藥生理學獎得主。如果你的分數在 80 ～ 110 分，你不必為自己的邏輯推理能力擔心，如果低於 75 分，恐怕你就得努力學習了，或許你可以通過類似以上的訓練提高自己的邏輯推理能力。同時還需要說明的是，在推理能力上比較貧弱，只能反映不同人之間特徵的差異，並不說明是不好的，你可能在另一些方面表現出特殊的能力，可能會是一個反應很快的人或是一個記憶力很強的人，你可以使用本章後面的測試測量一下自己是否如此。

3. 你的分析能力強嗎

可以說，分析能力的高低是一個人智力水準的體現。而分析能力不僅是先天的，在相當程度上取決於後天的訓練。在生活中、工作中，我們常會遇到一些事情、一些難題，分析能力較差的人，往往思前想後不得其解，以至束手無策；反之，分析能力強的人，往往笑看一切，自如地應對一切。

測後講評：

本測試測查分析能力，共 10 題，請在 10 分鐘內完成，若有題不得其解，請先跳過去，等題全部答完後若還有時間，再來思考、解答。

開始測試：

1. 今天是丹尼爺爺出生後的第二十個生日（出生那天不算在內），你能夠很快算出丹尼爺爺的生日嗎？

2. 吉米喜歡登山，一天他隨登山隊登上了數千公尺高的山峰後，發現自己一向非常準的機械表走得快了，而下山以後卻又發現手錶和以前走的一樣準確。你知道手錶變快的原因嗎？

3. 在一建築工地上，有一深達 1 米的矩形小洞，一隻小鳥不慎飛了進去。小洞很狹窄，手臂伸不進去，若用兩根樹枝去夾，又可能傷害小鳥。你是否想出了一個簡便的方法把小鳥從小洞中救出來。

4. 用小圓爐烤餅（每次最多只能同時烤兩個），每個餅的正反面都要烤，而每烤一面需要半分鐘。請問怎樣在一分半鐘內烤好三個餅？

5. 兩隻同樣的燒杯內均裝著 100℃熱水 500 毫升。如果在一隻杯子內先加入 20℃冷水 200 毫升，然後再靜止冷卻 5 分鐘；而另一隻杯子先靜止冷卻 5 分鐘，然後再加入 20℃冷水 200 毫升。請問：此時，這兩隻燒杯內的水溫哪一個低？

6. 一列火車離開波士頓開往芝加哥，與此同時，另一列火車離開芝加哥開往波士頓。從波士頓出發的火車 60 英里 / 小時，從芝加哥出發的火車 50 英里 / 小時。請問：當兩列火車相遇時，哪一列火車離波士頓較近？

7. 有一個商人，臨終前對妻子說：「你不久就要生孩子了。如果生的是女孩，你就把財產分給她 1/3，你留 2/3；如果是男孩，就分給他 2/3，你留 1/3。」商人死後不久，妻子生了孩子，可她生的是雙胞胎：一個男孩，一個女孩。那麼，財產應該如何分配才能滿足商人的遺願呢？

8. 假定桌子上有三瓶啤酒，每瓶平均分給幾個人喝，但喝各瓶啤酒的人數不相等，不過其中一個人喝到了三瓶啤酒，且每瓶啤酒的量加起來正好一整瓶。請問：喝這三瓶啤酒的各有多少人？

第一章　測測你的 IQ

9. 南美某原始部落的男人們都穿一種纏腰布式的服裝。如果部落人只能在每個星期一晚上把髒衣服送到城裡洗衣店去洗，且同時將乾淨衣服取回。請問：每個男人至少有幾件衣服才能保證他們每天都有乾淨衣服穿？

10. 妻子打電話給丈夫，要替自己買一些日用品，同時告訴他，錢放在書桌上的一個信封裡。丈夫找到信封，看見上面寫著 98，就把錢拿出來放進皮包裡。在商店他買了 90 元東西，付款時才發現，他不僅沒剩下 8 元，反而差了 4 元。回家後，他把這件事告訴妻子，懷疑妻子把錢點錯了。妻子笑著說，她沒錯，錯在丈夫身上。聰明的你知道這是為什麼嗎？

參考答案：

1. 丹尼爺爺生日是：2 月 29 日

2. 機械手表的擺輪在擺動時要受到空氣的阻力，高山上的空氣比平地上的空氣稀薄，所以，高山上的手錶比平地上的手錶走得快一些。

3. 把沙慢慢灌入洞裡，這樣小鳥便會隨洞中沙子的升高而回到洞口。

4. 將三只要烤制的餅編號成 A、B、C。先把 A、B 兩隻餅放在爐上烤；半分鐘後，把 A 翻個面，同時取下 B，放上 C 繼續烤；又過了半分鐘後，取下 A，換上 B，烤 B 未烤過的一面，同時把 C 翻過來烤。

5. 第二隻杯內水溫低 (先做一次實踐，再想想是何道理)。

6. 當兩列火車相遇時，它們離波士頓的距離應該相同。

7. 按商人的遺願應將財產分為 7 等份，然後給男孩 4 份，給女孩 1 份，給妻子留 2 份。

8. 喝這三瓶啤酒的人數為 2 人，3 人，6 人。即第一瓶兩人喝，每人平均喝半瓶；第二瓶 3 人喝，每人平均喝 1/3 瓶；第三瓶 6 人喝，每人平均喝 1/6 瓶。其中一個人三瓶都喝了，加起來的量 (1/2+1/3+1/6) 正好是一瓶。

9. 15 件。每個男人在星期一晚上必須送洗七件，同時取回七件；另外，在這一天他身上還要穿一件。

10. 丈夫把 86 倒過來，看成是 98 了。

專家提示

　　一個看似複雜的問題，經過理性思維的梳理，變得簡單化、規律化，從而輕鬆、順暢地被解答出來，這就是分析能力的魅力。也難怪著名的哲學家路德維格·維特根斯坦會感慨地說：「從邏輯的角度來看，沒有任何事情是值得奇怪的。」

　　在微軟等成功企業的面試中，我們就能找到許多關於測試分析能力的問題。諸如微軟公司曾有題：

　　為什麼下水道的井蓋是圓的？

　　分析強的人會立刻得出答案：1. 圓形井蓋可以由一人搬動；2. 圓形井蓋不必為了架在井口上而旋轉它的位置。

　　這樣的測試題，在知名企業的面試中比比皆是。上述的測試題，就是從知名企業面試試題中精選而來，通過測試你可以對自己的分析能力有所瞭解。在 10 題中，如果你順利地回答出 8 題以上，說明你的分析能力很強，你可能正是成功企業需要的人材；如果你順利回答出了 6 ～ 8 題，說明你的分析能力正常，這樣的人全世界約有 80%，你要想比大多數人強，你需要多多練習；而如果不幸你的正確率在 6 題以下，這就是一個危險的信號，因為你屬於那 10% 以內的人，怎麼做，就需要看你自己的了。

4. 數學能力測試

　　成功企業對員工的要求是苛刻的，這在成功企業對員工 IQ 測試試題中就有體現，試題中涉及了眾多的數字問題，詹姆·史密斯這位資深的人事部門經理對此說道：「這是為了測試員工的數學能力，工作中各種計算、方程式、函數、數位圖表比比皆是，數學能力如何，直接反映了其是否能勝任自己的工作。」

　　幸運的是，你受過良好的教育，你具有一定的數學能力，可究竟自己的數學能力又如何呢？以下測試將給你一個明確的答案。

測後講評：

　　認真閱讀以下各題，然後快速而準確地答題，測試時間為 10 分鐘。

第一章　測測你的 IQ

開始測試：

1. 有兩隻烏龜一起賽跑。甲龜到達 10 公尺終點線時，乙龜才跑了 9 公尺。現在如果讓甲龜的起跑線退後 1 公尺，這時兩龜再同時起跑比賽，問甲、乙兩龜誰先到達終點？

　　A. 甲龜　　　　　　　B. 乙龜　　　　　　　C. 同時到達

2. 元帥統領八名將領，每位將領各分八個營，每營裡面擺八陣，每陣配置八先鋒，每個先鋒八旗頭，每個旗頭有八隊，每隊分設八個組，每組帶領八個兵。請問：元帥共有幾個兵？

　　A.82　　　　　　B.84　　　　　　C.86　　　　　　D.88

3. 兄弟三人分蘋果，每人所得的個數等於其三年前的年齡數，而蘋果共有 24 個。如果老三把所得的蘋果半數平分給老大、老二，然後老二把所得蘋果的半數平分給老大、老三，最後老大把所得的蘋果的半數平分給老二、老三，則每人手裡的蘋果相等。請問：兄弟三人年齡各是多少？

　　A. 老大 12 歲，老二 6 歲，老三 3 歲

　　B. 老大 13 歲，老二 7 歲，老三 4 歲

　　C. 老大 16 歲，老二 10 歲，老三 7 歲

　　D. 老大 19 歲，老二 13 歲，老三 10 歲

4. 一個家庭聚會，主人致祝酒詞後，便開始互相敬酒。有人統計了一下，在宴會上所有人都互相敬了酒，共敬了 45 次。根據這些情況，你能算出共有幾人出席這次家庭聚會嗎？

　　A. 不可能算出B.6 人　　　C.9 人　　　　　　D.10 人

5. 露西擬訂了一個背單字計畫。從 7 月放暑假開始，當天是幾號她就背幾個單字。如 7 月 15 日她就背了 15 個單字，8 月 1 日她就背了 1 個單字。放假後，剛滿一個星期，她計算了一下，不多不少恰好背了 100 個單字。請問：露西的暑假是從 7 月幾日開始的？

　　A.26 日　　　B.27 日　　　C.28 日　　　D.29 日

6. 羅賓大學畢業後有 A、B 兩家公司想聘請他去工作，除了下面兩點不同之外，其餘條件完全一樣，若以三年工作期的薪水高低來選擇，羅賓應選擇哪家公司？

A 公司：年薪 100 萬元，每年加薪 20 萬元。

B 公司：半年薪 50 萬元，每半年加薪 5 萬元。

A. 選擇 A 公司　　　　　　B. 選擇 B 公司　　　　　　C. 都一樣

7. 經過訓練的一隻狗和一隻貓進行跳躍比賽。要求它們各跳 100 尺後再返回到出發點。狗跳一次為 3 尺，貓跳一次只有 2 尺，但狗跳 2 次的時間，貓能跳 3 次。請問，在這次比賽中誰將獲勝？

A. 狗　　　　B. 貓　　　　C. 並列冠軍

8. 卡特外出做生意。他先花 50 美元買回了一匹布，接著以 60 美元的價格賣給了傑克。誰知第二天，布匹大幅漲價，卡後追悔莫及，又以 70 美元的價格從傑克手中買回了那匹布。過了幾天，卡特以 80 美元的價格將這匹布賣出。請問：卡特的這次交易賺錢了嗎？如果賺了，賺了多少？

A. 未賺、賠了　　　　　　B. 賺了 10 美元

C. 賺了 20 美元　　　　　　D. 賺了 30 美元

9. 喬治比他弟弟重 120 磅，他倆的總重為 140 磅。問：喬治體重為多少磅？

A.100 磅　　　B.110 磅　　C.120 磅　　　D.130 磅

10. 一個電視製造商持續給一位批發商 15% 的折扣，並且對一種新型號電視再給予 10% 的折扣。批發商實際付出 459 美元買得這種彩電。那麼，這種彩電沒打任何折扣之前的價格是多少？

A.612 美元　　　　　　B.600 美元

C.580.65 美元　　　　　D.573.75 美元

參考答案及計分評估：

1.A　　　2.D　　3.C　　4.D　　5.D

6.B　　　7.B　　8.C　　9.D　　10.B

以上各題，每答對一題得 3 分，計分 _____。

專家提示

數學能力在一定程度上也能反應一個人的智力狀況，人力資源專家和成功企業，都將數學能力納入了員工招募、培訓的範疇。由此可見，數學能力的重要性。

通過以上測試，你對自己的數學能力應該有了一定的瞭解。如果你的得分在 24～30 分，那麼恭喜你，你的數學能力較強為「優」，你較適合做分析師、工程師、統計員、電腦程式員、投資分析師，因為這些職業對數學能力有特殊的要求。如果你的得分在 18～24 分，你的數學能力正常，對於一般的數學應用不成問題，但你不適合從事以上職業，除非你有針對性地加以提高。如果你的分數在 18 分以下，那麼建議你立即在互聯網上鍵入「趣味數學」這一關鍵字，馬上會出現一大堆令人感興趣的推薦書，如英國學者馬丁·加德納的書，這些書會對你大有裨益。

▌5. 你的反應能力怎樣

要衡量一台電腦的能力，實質上就要看機器的處理速度如何。在我們的日常判斷中，看一個人是否聰明，多數人都會看他的反應速度怎樣。

測後講評：

本測試測量你的反應能力，請仔細閱讀下列各題，並盡可能快地給出答案，共 15 題，請在 10 分鐘內完成。

開始測試：

1. 一隻酒瓶裝了半瓶酒，瓶口用軟木塞塞住。請問：不損壞酒瓶、不拔去塞子或在塞子上鑽孔，怎樣才能喝光瓶中的酒？

2. 有一個決心要當發明家的人，想到愛迪生的實驗室去工作。愛迪生接見了他。那位年輕人說：「愛迪生老師，我想發明一種溶液，能溶解世上一切物質。」愛迪生聽後，笑著說：「這不可能。」請問：愛迪生為什麼會這麼說？

3. 你設想自己是一個汽車司機，設想自己的車已經用了許多年了，汽車門把已經壞了，只好用鐵絲拴著；擋風玻璃已經破裂；容量為 40 公斤的油箱，現在只能加進 20 公斤的油；汽車的前燈、排氣管也需要修理了。請問：汽車司機的年齡多大？

4. 有兄妹倆、爺倆、娘倆，只有 6 個桃，但卻每人分到了 2 個。請問：這是為什麼？

5. 在 20 世紀有這樣一個年份，把它寫成阿拉伯數字，正看是這一年，倒看還是這一年。請問這是哪一年？

6. 用四根火柴擺一個數，不許把火柴折彎，請問最小的數為多少？

7. 有 12 個人要渡河，河邊只有一條渡船，而且每次只能載 3 人。請問，12 個人都渡過河，需渡幾次？

8. 吉米在拍一個皮球，他第一次每分鐘拍 60 下，第二次每分鐘拍 62 下，請問，吉米第三次每分鐘拍多少下？

9. 一隻走得非常準確的手錶，它在 24 小時裡，分針和時針要重合多少次？

10. 米其先生在鎮中經營一家酒吧，他有生以來還未曾走出過這座鎮。他的身高 2.3 米。有一天，有一位身高 2.4 米的先生來到了小鎮，並光顧了米其的酒吧，米其驚訝地說：「這是我有生以來第一次看見比我高的人。」而那位先生卻笑了笑說：「不可能，絕對不可能。」你知道這是為什麼嗎？

11. 父親買了兩種水果，回家後讓兒子猜是什麼，父親說：「草地上來了一群羊，而後又來了一群狼。」兒子百思不得其解，聰明的你知道父親買的是什麼水果嗎？

12. 用椰子和西瓜打頭哪個比較疼？

13. 有一頭獅子頭朝北，它先向右轉了兩圈，然後再向左轉了一圈半，請問，這時獅子尾巴朝哪兒？

14. 西蒙老師說蚯蚓切成兩段仍能存活，吉米照老師的話去做，蚯蚓卻死去了，請問，為什麼？

15. 船邊拉著繩梯，離海面 1 公尺，海水每小時上漲 0.5 公尺，問幾小時後海水能漲到繩梯？

第一章　測測你的 IQ

參考答案：

1. 將軟木瓶塞壓入瓶內，就可以喝光瓶中的酒

2. 這樣的萬能溶液用什麼盛裝它呢

3. 你就是那司機，你有多大了

4. 兒子、母親和舅舅

5. 1961 年

6. -111

7. 6 次

8. 條件不夠，不能算出答案

9. 重合 22 次

10. 除非他生下來就 2.3 米

11. 草莓（草沒）、楊梅（羊沒）

12. 頭比較疼

13. 朝下

14. 吉米是豎著將蚯蚓切開的

15. 水漲船高，永遠也漲不到

計分評估：

以上測試共 15 題，每回答正確一題得 1 分，計分 _____。

專家提示

可口可樂公司、麥當勞公司、IBM 等成功企業，對員工的要求是嚴格的、全面的。反應能力測試是成功企業員工招考之中，必不可少的能力測試，測試試題是非常簡單、有趣的，曾參加過 IBM 面試的羅伯特對此深有感觸：

「在 IBM 面試時，面試官問了我一個問題，讓我吃了一驚。面試官微笑著問：『羅伯特，你在家裡做家事嗎？』我回答：『是。』又問：『那你知道如何擦地最乾淨嗎？』我思索了一會兒回答：『用拖把。』起初我對自己的回答非常滿意，後

來面試官給了我參考答案——'用力擦地最乾淨'。我才恍然大悟，而自己的回答只是勉強及格而已。」

羅伯特遇到的情況與很多人相同，而上述 15 題，可以幫助你瞭解自己的反應能力：

如果你的得分在 0 ～ 8 分，說明你的反應能力很差，可以肯定你不是一個細心的人，你常常粗心大意，在工作中，你無法做到在提高速度的同時保證工作的效率；或許你在測試時思維局限於某一方面，或總想著問題有多難，從而影響了自己的答題效果；

如果你的得分在 9 ～ 13 分，說明你的反應能力處在正常的範圍之內，你是一個細心的人，在很多需要太多競爭性的工作中，你往往會表現的很好，因為你很嚴謹，但不可否認，正是你的嚴謹將你的資訊加工能力犧牲掉了一部分；

如果你的得分在 14 分以上，說明你的反應能力很強，你的資訊加工情況相當不錯，人們總是欣賞反應快的人，大家也會覺得你很聰明，工作中你也很有效率，你的適應能力也不錯，就像西部片裡的牛仔一樣，拔槍的速度至上。

6. 記憶能力測驗

在日常工作中，你常要記憶一些工作術語、任務、指示、各種事件等等。記憶能力也是反映一個人智商高低的因素之一，而且有些工作，如秘書、助理、書記員等等，對記憶能力有著特殊的要求，在此記憶能力測試就不僅僅是一般的能力測試，也在很大程度決定了其是否勝任自己的工作。

那你的記憶能力又如何呢？成功企業聯邦快遞為員工提供的記憶能力測試試題，可以幫助你瞭解自己的記憶能力。

測後講評：

本測試測查記憶能力，由兩部分測試題組成，請仔細閱讀測試要求，按要求進行測試，以求最佳的測試效果。

第一章　測測你的 IQ

開始測試：

第一部分

下面列出 3 行數字，每行 12 個。請任選一行，在 1 分鐘內讀完 (平均每 5 秒鐘讀一個數)，然後把記住的數位寫出來 (可以顛倒位置)。

49	73	83	64	27	41	29	62	93	38	97	74
57	32	29	47	86	94	67	14	28	75	35	49
36	45	73	29	87	28	43	62	75	59	93	67

第二部分

請記憶以下 20 個詞，規定記憶時間為 2 分鐘，2 分鐘後進行默寫 (可以顛倒位置)。

烏克蘭人	經濟學	粥	紋身	神經元
愛情	剪刀	良心	粘土	字典
油	小蛋糕	紙	邏輯	思想
動詞	缺口	逃兵	蠟燭	櫻桃

專家提示

第一部分測試，根據題目的要求，大約每個數在你的頭腦中只保持 5 秒，這在心理學中稱作短時記憶。在短時記憶階段，人腦同時能容納 5 ～ 9 個內容。如果你把一行中的 12 個數字都正確地記下來了，那麼你的記憶力，可以說是驚人的、少有的了；如果你能記下 8 ～ 9 個數位，可以得「優」；如果只記住 4 ～ 7 個，那只算「一般」；若你連 4 個都沒有記下來，你的記憶力就很不理想，需要找一下原因，並需要好好鍛煉鍛煉。

第二部分測試，大約每個詞在你的頭腦中只停留 6 秒。如果你在 2 分鐘內記住了 16 ～ 20 個詞，說明你的記憶力較強；如果你記住了 10 ～ 15 個詞，說明你的記憶力一般；如果你只記住了 10 個以下，說明你的記憶力較差，當然記住的詞越少越說明你的記憶力存在問題，越應該提高警惕。

7. 你的想像力怎樣

你知道《侏羅紀公園》吧！可你知道那些電影製作者哪來的神功，能在幾千萬年前的化石上添肉加血？當然是依靠「想像」。想像是對頭腦中已有的知識材料進行加工，創造出新形象的過程。想像已成為人類創造活動的一個必要因素，成為科學發明和藝術創作的重要條件。那麼，你有沒有想像力呢？別放下筆繼續做下去。

測後講評：

本測試測查想像力，共 3 題，將時間控制在 10 分鐘以內即可。

開始測試：

1. 請看下面的圖形像什麼？答案越多越好。如圖 1：。

2. 請看下面的圖形像什麼？答案越多越好。如圖 2：

3. 圖 3 中的第一個都是一個立體物體。找出各行圖像中是第一個圖像處於不同方位下的相同的物體，並將物體圖像的編號劃上圈；如果某行中沒有與第一個圖像相同的物體，請將「沒有」劃上圈。

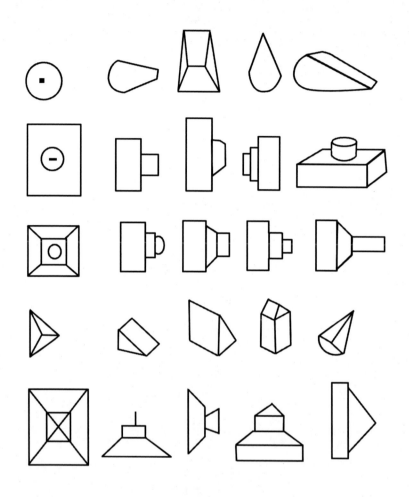

圖 3

參考答案及計分評估：

1.圖 1、圖 2 如你只說出 3 個答案，那你的想像力急需練習；如能說出 4 ～ 8 個實物，說明你的想像力還可以；如說出 9 個以上，你的想像力很豐富。

2.第三題答案分別是：

A-3　　　B-4　　　C-4　　　D- 沒有　　　E-3

本題全部答對，你的想像力一定很豐富；答對 3 個以上，想像力還可以；答對 3 個以下想像力有待訓練。

專家提示

　　想像能力是利用多維事物、經驗創造事物的心理能力。雕刻家面對一塊將要雕琢的材料時，先在腦海中形成多個雕像，並將各個雕像進行充分比較，最終創造出具有很高藝術價值的作品。在機械製造、美術等領域，想像能力都起著關鍵的作用。哥白尼提出太陽中心說時，人類還不能進入太空對地球和太陽的形狀、相對位置進行全面的考察。他之所以敢憑藉當時還較粗略的知識作出如此偉大的假設，憑藉的正是想像能力。

　　在上述測驗中，如果你答對多題，則表明你已具備豐富的想像力，如果你答對較少，或想起來比較吃力，你就需要在想像力方面多多練習，多找一些這方面的試題，甚至在生活中、工作中，你可以即興發揮訓練自己的想像能力，久而久之，你的想像力一定會豐富起來，甚至會成為促使你成功的重要能力。

第二章　測測你的 EQ

第二章 測測你的 EQ

「情商」是一個人重要的生存能力，是一種發掘情感潛能、運用情感能力影響生活的各個層面和人生未來的關鍵性的品質要素。心理學的研究證實，「情商」是一種能洞察人生價值、揭示人生目標的悟性；是一種克服內心矛盾衝突和協調人際關係的技巧；是一種可在順境和逆境中穿梭自如的能力。成功企業對員工是很挑剔的，情緒控制能力的高低直接影響到職場的位置。

▌1.EQ 自測自查

這是歐洲流行的測試題，可口可樂公司、麥當勞公司、諾基亞公司等世界知名眾多企業，曾以此為員工 EQ 測試的範本，說明員工瞭解自己的 EQ 狀況。共 33 題，測試時間 25 分鐘，最大 EQ 為 174 分。如果你已經準備就緒，請開始計時。

第 1～9 題：請從下面的問題中，選擇一個和自己最切合的答案，但要盡可能少選中性答案。

1. 我有能力克服各種困難：_____

A. 是的　　　　　　　B. 不一定　　　　　　　C. 不是的

2. 如果我能到一個新的環境，我要把生活安排得：_____

A. 和從前相仿　　　　B. 不一定　　　　　　　C. 和從前不一樣

3. 一生中，我覺得自己能達到我所預想的目標：_____

A. 是的　　　　　　　B. 不一定　　　　　　　C. 不是的

4. 不知為什麼，有些人總是回避或冷淡我：_____

A. 不是的　　　　　　B. 不一定　　　　　　　C. 是的

5. 在大街上，我常常避開我不願打招呼的人：_____

A. 從未如此　　　　　B. 偶爾如此　　　　　　C. 有時如此

6. 當我集中精力工作時，假使有人在旁邊高談闊論：＿＿＿＿＿

A. 我仍能專心工作　　　　B. 介於 A、C 之間

C. 我不能專心且感到憤怒

7. 我不論到什麼地方，都能清楚地辨別方向：＿＿＿＿＿

A. 是的　　　　　　　　B. 不一定　　　　　　　C. 不是的

8. 我熱愛所學的專業和所從事的工作：＿＿＿＿＿

A. 是的　　　　　　　　B. 不一定　　　　　　　C. 不是的

9. 氣候的變化不會影響我的情緒：＿＿＿＿＿

A. 是的　　　　　　　　B. 介於 A、C 之間　　　C. 不是的

第 10 ～ 16 題：請如實選答下列問題，將答案填入右邊橫線處。

10. 我從不因流言蜚語而生氣：＿＿＿＿＿

A. 是的　　　　　　　　B. 介於 A、C 之間　　　C. 不是的

11. 我善於控制自己的面部表情：＿＿＿＿＿

A. 是的　　　　　　　　B. 不太確定　　　　　　C. 不是的

12. 在就寢時，我常常：＿＿＿＿＿

A. 極易入睡　　　　　　B. 介於 A、C 之間　　　C. 不易入睡

13. 有人侵擾我時，我：＿＿＿＿＿

A. 不露聲色　　　　　　B. 介於 A、C 之間　　　C. 大聲抗議，以泄己憤。

14. 在和人爭辯或工作出現失誤後，我常常感到震顫，精疲力竭，而不能繼續安心工作：＿＿＿＿＿

A. 不是的　　　　　　　B. 介於 A、C 之間　　　C. 是的

15. 我常常被一些無謂的小事困擾：＿＿＿＿＿

A. 不是的　　　　　　　B. 介於 A、C 之間　　　C. 是的

16. 我寧願住在僻靜的郊區，也不願住在嘈雜的市區：_____

A. 不是的　　　　　　B. 不太確定　　　　　　C. 是的

第 17 ～ 25 題：在下面問題中，每一題請選擇一個和自己最切合的答案，同樣少選中性答案。

17. 我被朋友、同事取過綽號、挖苦過：_____

A. 從來沒有　　　　　B. 偶爾有過　　　　　C. 這是常有的事

18. 有一種食物使我吃後嘔吐：_____

A. 沒有　　　　　　　B. 記不清　　　　　　C. 有

19. 除去看見的世界外，我的心中沒有另外的世界：_____

A. 沒有　　　　　　　B. 記不清　　　　　　C. 有

20. 我會想到若干年後有什麼使自己極為不安的事：_____

A. 從來沒有想過　　　B. 偶爾想到過　　　　C. 經常想到

21. 我常常覺得自己的家庭對自己不好，但是我又確切地知道他們的確對我好：_____

A. 否　　　　　　　　B. 說不清楚　　　　　C. 是

22. 每天我一回家就立刻把門關上：_____

A. 否　　　　　　　　B. 不清楚　　　　　　C. 是

23. 我坐在小房間裡把門關上，但我仍覺得心裡不安：_____

A. 否　　　　　　　　B. 偶爾是　　　　　　C. 是

24. 當一件事需要我作決定時，我常覺得很難：_____

A. 否　　　　　　　　B. 偶爾是　　　　　　C. 是

25. 我常常用拋硬幣、翻紙牌、抽籤之類的遊戲來預測凶吉：_____

A. 否　　　　　　　　B. 偶爾是　　　　　　C. 是

第26～29題：下面各題，請按實際情況如實回答，僅須回答「是」或「否」即可，在你選擇的答案下打「√」。

26. 為了工作我早出晚歸，早晨起床我常常感到疲憊不堪：

是 _____　否 _____

27. 在某種心境下，我會因為困惑陷入空想，將工作擱置下來：

是 _____　否 _____

28. 我的神經脆弱，稍有刺激就會使我戰慄：

是 _____　否 _____

29. 睡夢中，我常常被噩夢驚醒：

是 _____　否 _____

第30～33題：本組測試共4題，每題有5種答案，請選擇與自己最切合的答案，在你選擇的答案下打「√」。

答案標準如下：

1	2	3	4	5
從不	幾乎不	一半時間	大多數時間	總 是

30. 工作中我願意挑戰艱巨的任務。　　　　　1　2　3　4　5

31. 我常發現別人好的意願。　　　　　　　　1　2　3　4　5

32. 能聽取不同的意見，包括對自己的批評。　1　2　3　4　5

33. 我時常勉勵自己，對未來充滿希望。　　　1　2　3　4　5

參考答案及計分評估：

計分時請按照記分標準，先算出各部分得分，最後將幾部分得分相加，得到的那一分值即為你的最終得分。

第 1 ～ 9 題，每回答一個 A 得 6 分，回答一個 B 得 3 分，回答一個 C 得 0 分。計 _____ 分。

第 10 ～ 16 題，每回答一個 A 得 5 分，回答一個 B 得 2 分，回答一個 C 得 0 分。計 _____ 分。

第 17 ～ 25 題，每回答一個 A 得 5 分，回答一個 B 得 2 分，回答一個 C 得 0 分。計 _____ 分。

第 26 ～ 29 題，每回答一個「是」得 0 分，回答一個「否」得 5 分。計 _____ 分。

第 30 ～ 33 題，從左至右分數分別為 1 分、2 分、3 分、4 分、5 分。計 _____ 分。

總計為分 _____。

專家提示

近年來，EQ──情緒智商，逐漸受到了重視，成功企業還將 EQ 測試作為員工招募、培訓、任命的重要參考標準。

看我們身邊，有些人絕頂聰明，IQ 很高，卻一事無成，甚至有人可以說是某一方面的能手，卻仍被拒於企業大門之外；相反地，許多 IQ 平庸者，卻反而常有令人羨慕的良機、傑出不凡的表現。

為什麼呢？最大的原因，乃在於 EQ 的不同！一個人若沒有情緒智慧，不懂得提高情緒自製力、自我驅策力，也沒有同理心和熱忱的毅力，就可能是個「EQ 低能兒」。

透過以上測試，你就能對自己的 EQ 有所瞭解。但切記這不是一個求職詢問表，用不著有意識地儘量展示你的優點和掩飾你的缺點。如果你真心想對自己有一個判斷，那你就不應施加任何粉飾。否則，你應重測一次。

測試後如果你的得分在 90 分以下，說明你的 EQ 較低，你常常不能控制自己，你極易被自己的情緒所影響。很多時候，你容易被擊怒、動火、發脾氣，這是非常危險的信號──你的事業可能會毀於你的急躁，對於此，最好的解決辦法是能夠給不好的東西一個好的解釋，保持頭腦冷靜，使自己心情開朗，正如佛蘭克林所說：「任何人生氣都是有理的，但很少有令人信服的理由。」

第二章　測測你的 EQ

　　如果你的得分在 90 ～ 129 分，說明你的 EQ 一般，對於一件事，你不同時候的表現可能不一，這與你的意識有關，你比前者更具有 EQ 意識，但這種意識不是常常都有，因此需要你多加注意、時時提醒。

　　如果你的得分在 130 ～ 149 分，說明你的 EQ 較高，你是一個快樂的人，不易恐懼擔憂，對於工作你熱情投入、敢於負責，你為人更是正義正直、同情關懷，這是你的優點，應該努力保持。

　　如果你的 EQ 在 150 分以上，那你就是個 EQ 高手，你的情緒智慧不但不是你事業的阻礙，更是你事業有成的一個重要前提條件。

2. 你的情緒穩定性高嗎

　　美國作家查理斯·金斯利曾說：「我所認識的成功人士都是開開心心、滿懷希望的人，他們每天面帶微笑去上班，以成熟的態度面對生命中的無常與機會，對逆境與順境一視同仁。」縱觀成功企業中的成功人士都具有很高的情緒穩定性，他們能隨時瞭解自己情緒處於什麼狀態，一有偏頗，他們就會自省，調節情緒，也調節行為，可以說穩定的情緒正是他們成功的關鍵之一。那麼，你的情緒穩定性如何呢？相信下面這組測試能幫你找到答案。

測後講評：

　　1. 本測試用於測量人的情緒穩定性。

　　2. 測試由一系列陳述語句組成，請根據自己的實際情況，選擇最符合自己個性的描述，不要思慮太多。

　　3. 測試沒有速度上的要求，但是請在 5 分鐘內完成所有的題目。

　　4. 答案標準如下：

A. 非常符合　　　B. 有點符合　　　C. 無法確定

D. 不太符合　　　E. 很不符合

開始測試：

1. 孤獨時我常常心煩意亂。

2. 心情常常隨當時的氣氛變化很大。

3. 我在靜坐的時候很難心神安定。

4. 我常感到胸口發悶。

5. 我總覺得心慌意亂，坐立不安。

6. 我不瞭解自己內心的想法。

7. 我常擔心別人對自己的看法。

8. 在別人眼裡我是一個憂慮的人。

9. 我很難下定決心。

10. 我不喜歡有競爭性的工作。

11. 我容易因小的事情惱怒。

12. 我有一種自卑感。

13. 早上起床時常心中有點抱怨。

14. 心情不暢時，我無法在他人面前掩飾自己的不快。

15. 在我內心常常會突發奇想。

16. 我不善於抑制自己的衝動或沮喪情緒。

17. 我常會受浪漫愛情片或傷感片的感染。

18. 我的興趣多變。

19. 我的作息沒有什麼規律性。

20. 我很迷信。

答案填寫處：

1._____   2._____   3._____   4._____   5._____

6._____   7._____   8._____   9._____   10._____

11._____   12._____   13._____   14._____   15._____

16._____   17._____   18._____   19._____   20._____

第二章　測測你的 EQ

計分評估：

請參照以下答案，對自己的選擇進行計分，計分方法很簡單，分別地計算在你的答案中：

選擇 A 的數目 _____(A)　　　　選擇 B 的數目 _____(B)

選擇 C 的數目 _____(C)　　　　選擇 D 的數目 _____(D)

選擇 E 的數目 _____(E)

然後按照下面的公式計算出原始分數：_____(R)

R=E×5+D×4+C×3+B×2+A

最後，請按照下表所列的規則，根據你的原始分數 (R)，找出相應的排名值 (P)。比如你的原始分數 (R) 是 73，那麼下表對應的 P 值就是 93。

情緒穩定性程度常模對照表

R P(%)	R P(%)	R P(%)	R P(%)	R P(%)	R P(%)
20 0	35 7	50 38	65 80	80 98	95 100
21 1	36 8	51 41	66 82	81 98	96 100
22 1	37 10	52 44	67 84	82 98	97 100
23 1	38 11	53 47	68 86	83 99	98 100
24 1	39 13	54 50	69 87	84 99	99 100
25 1	40 14	55 53	70 89	85 99	100 100
26 2	41 16	56 56	71 90	86 99	
27 2	42 18	57 59	72 92	87 99	
28 2	43 20	58 62	73 93	88 100	
29 3	44 22	59 65	74 94	89 100	
30 3	45 25	60 68	75 95	90 100	
31 4	46 27	61 71	76 95	91 100	
32 5	47 29	62 73	77 96	92 100	
33 5	48 32	63 75	78 97	93 100	
34 6	49 35	64 78	79 97	94 100	

專家提示

排名值 (P) 是一個百分數，對於 P 值的理解是這樣的：假如你得到的 P 值是 78，那就表明你的情緒穩定性程度要比 78% 的人高，反過來也就是說，你的情緒穩定性程度要比 22% 的人低，可見你在這個方面的能力還是不錯的。

總的說來，假如你的 P 值在 50 以下，就需要你多加注意，因為你的情緒易激動，容易產生煩惱，通常不易應付工作中遇到的挫折。你易受環境支配而心神動搖不定；不能面對現實，常會急躁不安、身心疲乏、甚至失眠，這就說明你的情緒極不穩定。而要控制情緒，你需要做到以下幾點：1. 尋找影響情緒的原因；2. 積極樂觀；3. 親近自然；4. 經常運動；5. 睡眠充足；6. 合理飲食。

3. 你的克制力如何

憤怒行為是一種衝動性的、爆發性的行為，它往往極難以理智加以控制。諸如一位總裁因為下屬未能準備好給董事會的報告而暴跳如雷，這種情緒使他無法冷靜下來思考補救的方法。否則他可以讓下屬確定報告遲交幾天，他可以向董事會解釋情況，或許另外再決定會議時間；他也可以擬出另一個變通的計畫，將還在研究的計畫作個摘要的介紹。但因為缺乏克制力，他被憤怒沖昏了頭腦，什麼也沒做。生活中、工作中，你是否也有過類似的經歷，你對自己的克制力瞭解如何？

測後講評：

本測試將幫助你瞭解自己的克制力，共 8 題，請在備選答案中，選出與自己相符的答案。

開始測試：

1. 當你正要去上班時，你的朋友打來電話，讓你幫他解決心中的苦悶，你怎麼辦？（　）

　　A. 耐心地聽，寧可遲到；

　　B. 在電話中禁不住埋怨道：「喂，你知道我必須去上班呀！」

　　C. 告訴他你願意聽他說，不過遲到要受責備，可能還要扣錢；

　　D. 向他解釋上班要遲到了，答應他午飯時間打電話給他。

2. 星期天你忙了一整天把房間打掃乾淨，你老公加班回家就問飯有沒有準備好，你怎麼辦？（　）

　　A. 雖然你心裡很想出去吃飯，但是仍然很勉強地煮了這頓晚飯，然後責怪他太不體貼；

第二章　測測你的 EQ

　　B. 大發雷霆，命令他自己煮飯；

　　C. 氣得當晚不吃飯；

　　D. 對他說：「我實在疲倦，我們到外面吃飯吧。」

3. 你的朋友向你借新買的 I-Pod，你自己尚未好好聽過，你怎麼辦？（　　）

　　A. 借給他，但是滿腹牢騷；

　　B. 提醒他有一次你向他借東西，他不肯借，當時你的心情如何；

　　C. 騙他說已經借給別人了；

　　D. 告訴他你想先用一個星期，然後再借給他。

4. 你辛苦了一天，自以為對今天的工作相當滿意，不料你的主管卻大為不滿，你怎麼辦？（　　）

　　A. 不耐煩地聽他埋怨，心中滿是委屈，但不作聲；

　　B. 拂袖而去，認為自己不應該受委屈；

　　C. 把責任推向他人；

　　D. 注意自己做得不夠的地方，以便今後改正。

5. 在餐廳裡買了一個便當，飯做得味道太鹹，你怎麼辦？（　　）

　　A. 向同桌的人發牢騷；

　　B. 破口大罵，粗魯地責備廚師無能；

　　C. 默默地吃下去，然後把碗筷搞得亂七八糟；

　　D. 平靜地告訴服務員，問是否可以換一份。

6. 在影劇院裡是不可以抽煙的，但你臨座的人偏偏抽煙。你是比較討厭煙味的，你怎麼辦？（　　）

　　A. 很反感，希望其他人會向這個人提意見；

　　B. 大叫抽煙是令人討厭的習慣，並聲言要叫工作人員來干涉；

　　C. 用手捂住臉部，露出一副不贊同的樣子；

D. 問此人是否知道影劇院是不准吸煙的，並指給他看「嚴禁吸煙」的牌子。

7. 一位熱情的售貨員為了想使你買到滿意的東西，介紹給你所有的產品，但你都不滿意，你怎麼辦？( )

A. 買一件你並不想買的東西；

B. 粗魯地說這些產品的品質不好；

C. 向他道歉，說是你的朋友托你給他買東西，不能買朋友不喜歡的東西；

D. 說一聲謝謝，然後離去。

8. 你的老公說你最近胖了，你怎麼辦？(　　)

A. 偏偏吃得更多一些；

B. 回敬他幾句，不要他管閒事；

C. 告訴他如果他少買一些雞蛋、肉，你就不會變胖了；

D. 認真對待這個問題，開始減肥。

計分評估：

計算一下，以上測試中，你選擇：

A 的數目 _____(個)　　　　B 的數目 _____(個)

C 的數目 _____(個)　　　　D 的數目 _____(個)

專家提示

一個克制力差的人，極易發怒，在職場中，他不能處理好與同事的關係，在他的身邊常常充滿著緊張和孤獨。對於克制力，作為某企業人事部門經理的內爾依格說：「我們拒絕克制力差的人，否則，他會影響整個團隊的工作氛圍。」至於你有多強的克制力，透過以上測試，你就可以知道：

如果你多數選 A

說明你對一切事情往往採取消極被動的態度，對任何有爭論的事，你都宣佈放棄發表意見，而讓他人做決定或承擔責任。當人們不瞭解你的時候，也許會同情你，但後來就有些反感了。為什麼你不做一些令自己快樂的事呢？

如果你多數選 B

你往往屬於好戰型，動不動就暴跳如雷，甚至舉止近乎粗魯。表面看來你頗有權威，其實你得不到他人的尊重，其結果是使人們憎惡你、遠離你。

如果你多數選 C

你雖然有好戰的一面，但是你善於隱藏它。你比前面兩種人都善於處理人與人之間的關係，只是有時還不夠坦率，使他人不能完全理解你、信任你。

要是你多數選 D

祝賀你，你不但有很強的克制力，而且你完全懂得如何安排你的生活。你尊重他人，對人坦率誠懇，從不虛假或裝模作樣，結果是人們尊敬你，愛和你交朋友。

▌4. 你是一個熱情的人嗎

通常我們能聽到一些如：「他真的很熱情」之類的評價。其實熱情是一種強有力的、穩定而深刻的情感，它來源於現實生活。熱情在生活中與個人的人際交往、事業成敗、戀愛婚姻都有著密切的聯繫。想知道你的熱情程度嗎？請完成下面的測驗。

測後講評：

本測試測查熱情程度，共 10 題，請按實際情形選擇符合自己的答案，將答案填寫在題後橫線處。

開始測試：

1. 假如你的知心朋友從國外歸來，你在機場見到他 (她) 的第一個反應是：

　　A. 一個箭步上去和他 (她) 握手；

　　B. 情不自禁地上前與他 (她) 擁抱；

　　C. 立刻「喋喋不休」地詢問對方在國外的一切。

2. 當看完一場回味無窮的電影後，你會有什麼「後遺症」：

　　A. 心裡想模仿那部電影中的「主角」；

B. 無任何「後遺症」；

C. 渴望與人交流感受，或迫不及待地想向朋友訴說。

3. 假如有一天你走在街上，迎面走來一個陌生人友善地與你打招呼，你會：

A. 立刻對他說：「你認錯人了」；

B. 欣然接受，對他抱以同樣的友善；

C. 不要跟陌生人接觸，溜之大吉。

4. 當別人介紹一位新朋友給你認識的時候，通常你會怎樣應付：

A. 立刻和他 (她) 握手，並熱情地自我介紹；

B. 只是點頭打招呼；

C. 找一些無關緊要的話來搪塞和應付。

5. 你通常會選擇哪一類的書來閱讀：

A. 愛情小說；

B. 科幻小說；

C. 笑話大全。

6. 你和情人或好朋友打電話通常多長的時間：

A. 半小時以上；

B. 十五分鐘左右；

C. 五分鐘以內。

7. 見到流浪路旁的小狗或小貓，你會有什麼感想：

A. 它真可憐，如果我可以領養它就好了；

B. 極其討厭這些動物；

C. 沒有任何特別感覺。

8. 你最喜歡穿什麼顏色的衣服？

A. 紅色；

B. 黑色；

C.螢光色。

9.宴會上，某人當眾讚美你的優點，你會感到：

　　A.飄飄然，連酒杯也拿不穩了；

　　B.對讚美者報以溫和的微笑，但內心卻半信半疑；

　　C.感到有一點「不知所措」，因為你覺得很尷尬。

10.假如你的情人等你的生日過了後才送禮物給你，以試探你是否容易動怒，你知道後的反應是：

　　A.熱情地對他(她)說：「你真有趣」；

　　B.覺得自己好像被戲弄而不甘心；

　　C.默不表態，等待下一次機會回敬他(她)。

計分評估：

題號　得分　選項	1	2	3	4	5	6	7	8	9	10
A	2	2	2	3	3	3	3	2	3	3
B	3	1	3	1	1	2	1	1	2	1
C	1	3	1	2	2	1	2	3	1	2

專家提示

一個人的熱情表現在他的待人方面，至於你的熱情程度如何，計算 10 道題的分值就會一目了然：

如果你的得分在 25 分以上

你是一個極熱情的人，熱量足以製造「高溫季節」和「高溫環境」，使不少人對你注目和樂於親近。擁有這樣的分數，你的性格比較開朗、豪放。如果你是位事業心很強的人，相信定能憑藉這分「熱力」建立起良好的人際關係，以幫助自己在事業上大展宏圖。

如果你的得分在 20 ～ 25 分

雖不是一個特大號的「暖爐」，但那又幽默又風趣的個性也會在適當的時候流露出來，給人一種頗為親切的感覺。尤其在宴會上，你必能發揮蘊藏的熱力。但你也有「低溫」的一刻，小心別發脾氣，那樣會把人嚇壞的。

要是你的得分在 15 ～ 20 分之間

當然不是熱情的人，但也未必是一個「冷血動物」，只是你不願意將心中的感情表現出來。而你有一個優點，就是不容易發怒。所以，朋友與你在一起的時候，都會覺得你頗有情趣。

萬一，你的得分在 0 ～ 15 分之間

熱情奔放幾乎和你絕緣，都因為你不敢放開一點去做人。請小心改變一下自己的處事態度，不然你會和「社交」脫節。

5. 情緒緊張度測試

情緒緊張的不適應症狀，在醫學上稱為「神經綜合症」。情緒緊張過度者，通常缺乏耐心，心神不寧；時常感到疲乏，又無法徹底擺脫以求寧靜；在集體中，對人對事都缺乏信心。這樣的人，每天工作中忙忙碌碌卻沒有好的成績，甚至在工作中戰戰兢兢，不能控制自己，嚴重影響了工作的正常進行。

下面所提供的測試，可以幫助你瞭解自己情緒緊張度。

測後講評：

下面共 29 題，回答時用「有」或「無」作答，回答過程中不用急於答完，以答準確為目標，然後再進行評判，在你所選的答案下打「√」即可。

開始測試：

1. 常常毫無原因地覺得心慌意亂，坐立不安。 ［有 無］

2. 臨睡仍在思慮各種問題，不能安寢，即使睡著，也容易驚醒。 ［有 無］

3. 腸胃功能紊亂，經常腹瀉。 ［有 無］

4. 容易做噩夢，陷入驚恐之中，一到晚上就倦怠無力，焦慮煩躁。 ［有 無］

5. 一有不稱心的事情，便大量吸香煙，抑鬱寡歡、沉默少言。 ［有 無］

6. 早晨起床後，就有倦怠感，頭昏腦漲，渾身無力，愛靜怕動，情緒消沉。

[有　無

7. 經常沒有食欲，吃東西沒有味道，寧可忍受饑餓。　　　　　　　　[有　無]

8. 微量運動後，就會出現心跳加速、胸悶氣急。　　　　　　　　　　[有　無]

9. 不管在哪兒，都感到有許多事情不稱心，暗自煩躁。　　　　　　　[有　無]

10. 想得到某樣東西，一時不能，就會感到心中不舒服，十分難受。　[有　無]

11. 偶爾做一點輕便工作，就會感到疲勞、周身乏力。　　　　　　　[有　無]

12. 出門做事的時候，總覺得精力不濟，有氣無力。　　　　　　　　[有　無]

13. 當著家人的面，稍有不如意，就要勃然大怒，失去理智。　　　　[有　無]

14. 任何一件小事，都始終縈回在腦海裡，整天思索。　　　　　　　[有　無]

15. 處理事情經常情緒急躁，態度粗暴。　　　　　　　　　　　　　[有　無]

16. 一喝酒，就要過量，下意識和意識裡都想一醉方休。　　　　　　[有　無]

17. 對別人的病患，非常關心，到處打聽，惟恐自己身患同病。　　　[有　無]

18. 看到別人的成功或獲得榮譽，常會嫉妒，甚至懷恨在心。　　　　[有　無]

19. 置身繁雜的環境時，容易思維雜亂，行為失序。　　　　　　　　[有　無]

20. 左鄰右舍發出的噪音，會使你感到焦躁發慌，心悸出汗。　　　　[有　無]

21. 明知是愚不可及的事情，卻非做不可，事後又感到懊悔。　　　　[有　無]

22. 即使是休閒讀物也看不進去，甚至連中心思想也搞不清楚。　　　[有　無]

23. 一有空就整天打麻將，混一天是一天。　　　　　　　　　　　　[有　無]

24. 經常和同事或家人甚至陌生人發生爭吵。　　　　　　　　　　　[有　無]

25. 經常感到喉疼胸悶，有缺氧的感覺。　　　　　　　　　　　　　[有　無]

26. 每每陷入往事且追悔莫及，有負疚感。　　　　　　　　　　　　[有　無]

27. 做事說話，都急不可待，言詞激烈。　　　　　　　　　　　　　[有　無]

28. 遇到突發事件就失去信心，顯得焦慮緊張。　　　　　　　　　　[有　無]

29. 性格倔強固執，脾氣急躁，不易合群。　　　　　　　　　　　　[有　無]

計分評估：

如果回答：「有」的題目在 9 道以下，屬於正常範圍。

如果回答：「有」的題目在 10 ～ 19 道之間，為輕度緊張症。

如果回答：「有」的題目在 20 ～ 24 道之間，為中度緊張症。

如果回答：「有」的題目在 25 道以上，為重度緊張症。

專家提示

情緒緊張度測試題，在世界眾多知名企業中，被要求每個員工人手一份，以便經常瞭解自己的情緒狀況，從而及時進行自我調節。

上述 29 題，是美國著名心理學家斯摩爾泰為成功企業員工提供的情緒緊張度自測的黃金試版。

會工作還要會休息，會享受生活中的情趣，勞逸結合，心情放鬆，才有益身體的健康，工作起來才能有高的效率。

從以上評估中，你可以知道自己的情緒緊張度，看看自己屬於哪一範圍。

如果處在正常範圍則可喜可賀。如果你屬於輕度緊張，你可以用閱讀、書法、繪畫、養花、釣魚等進行自我調節，鬆弛緊張狀態，積極參加體育活動，增強體質，工作之餘的文娛活動也要積極參加，還要養成有規律的生活習慣，適當增加營養，提高意志力。對於中度以上的緊張症者，則有必要進行健康檢查和專業的治療。

6. 樂觀性測試

蘇格蘭詩人威廉夏普說：「如果一種方式無法使你快樂，那麼，試試看另外一種；快樂這種事沒有深奧的哲理，只要健康幽默的人都能擁有。許多人追求幸福之不可得，就像個粗心大意的人，不停地找著戴在頭上的帽子。」樂觀的人也有不幸與煩惱，但善於排遣解脫；悲觀的人常常垂頭喪氣、怨天尤人，生活被消極的情緒佔據著，生活對這種人來說就意味著苦難和悲哀。樂觀是成功企業對員工的基本要求，相反，悲觀的人，成功企業避之惟恐不及，根本不可能委以重任。

那你是個樂觀主義者還是個悲觀主義者，通過以下測試你就會清楚地瞭解。

第二章　測測你的 EQ

測後講評：

　　本測試將幫助你瞭解自己是否是一個樂觀的人，共 20 題，請一一回答「是」或「否」，切忌考慮過多，憑第一印象回答即可。

開始測試：

　　1. 如果半夜裡聽到有人敲門，你會以為那是壞消息，或有麻煩發生了嗎？

　　2. 在參加集會時，你能盡情地放鬆嗎？

　　3. 你跟人打過賭嗎？

　　4. 觀看比賽時你像別人一樣叫喊嗎？

　　5. 外出乘飛機時，你會祈禱不要出意外嗎？

　　6. 你把收入的大部分用來買保險嗎？

　　7. 度假時，你曾經沒預定旅館就出門了嗎？

　　8. 你覺得大部分的人都很誠實嗎？

　　9. 度假時，把家門鑰匙托朋友或親友保管，你會將貴重物品事先鎖起來嗎？

　　10. 對於新的計畫，你總是非常熱衷嗎？

　　11. 當朋友表示一定奉還時，你會答應借錢給他嗎？

　　12. 大家計畫去野餐或烤肉時，如果陰天，你仍會照原定計劃準備嗎？

　　13. 在一般情況下，你信任別人嗎？

　　14. 如果有重要的約會，你會很早出門，以防塞車、拋錨或別的狀況發生嗎？

　　15. 如果醫生叫你做一次身體檢查，你會懷疑自己可能有病嗎？

　　16. 每天早晨起床時，你會期待又是美好一天的開始嗎？

　　17. 收到意外的來函或包裹時，你會特別開心嗎？

　　18. 你會時常擔心自己做出的決定是否正確嗎？

　　19. 若你有一根魔棒，你會用它改變自己的外貌和個性嗎？

　　20. 你對未來充滿希望嗎？

計分評估：

選項 得分 題號	是	否	選項 得分 題號	是	否
1	0	1	11	1	0
2	1	0	12	1	0
3	1	0	13	1	0
4	1	0	14	0	1
5	0	1	15	0	1
6	0	1	16	1	0
7	1	0	17	1	0
8	1	0	18	0	1
9	0	1	19	0	1
10	1	0	20	1	0

專家提示

　　如果你的分數是 0～7 分，你是個標準的悲觀主義者，看人生總是看到不好的那一面。身為悲觀主義者，惟一的好處是，由於你從來不往好處想，所以你也就很少失望。然而，以悲觀的態度面對人生，卻有太多的不利；你隨時會擔心失敗，因此寧願不去嘗試新的事物，尤其當遇到困難時，你的悲觀會讓你覺得人生更灰暗、更無法接受。悲觀會使人產生沮喪、困惑、恐懼、氣憤和挫折的心理。解決這種狀況的惟一辦法，是以積極的態度來面對每一件事或每一個人，即使你偶爾仍會感到失望，但逐漸地，你會對人生增加信心，而消極態度帶給你的影響會越來越少。

　　如果你的分數是 8～14 分，你對人生的態度比較正常。不過，你仍然可以更進一步，你可以學會怎樣以積極和樂觀的態度來應付人生中無法避免的起伏狀況。

　　如果你的分數是 15～20 分，你是個標準的樂觀主義者。你看人生總是看到好的那一面，將失望和困難拋到一邊。樂觀，使你對生活中的一切充滿信心。不過，要切記，有時候過分樂觀，也會造成你對事情掉以輕心，結果反而誤事。

第三章　個性與職場

第三章 個性與職場

　　儘管你會根據你所處的環境和所打交道的人採取不同的行為方式，但不管怎樣你都有一個保持不變的個性。關於個性，你可以問自己：「我的個性特徵是否適合這種職業？」你還可以問自己：「我所喜歡的職業是否與自己的個性特徵相匹配？」個性是一個複雜的問題，但就是微軟、IBM 這樣優秀的企業也不會忽略員工的個性問題，用他們的話來說：「個性測試是幫助你更好地瞭解自己，並思考什麼才是自己更適合的職位而非其他職位的感覺和行為方式。」

▌1. 個性自測自查

　　眾多調查顯示，選擇與自己個性相符的工作，那麼你就可以減少遭受工作中的挫折，同時也更有希望持續擁有對工作的滿足感和享受。

　　下面這個測試問卷力求提供一些與工作相關的、廣泛的個性特徵。在關於什麼能夠為你提供持續的滿足感和挑戰方面，它可以給你一種總的指導方針。需要提醒的是，本測試也正是成功企業為員工提供的個性自測題，它能科學、全面地幫助你瞭解自己的個性與職業關係。

測後講評：

　　本測試共分兩個部分，都是由一系列的陳述句組成。請根據實際情況選擇符合自己的答案。如果該陳述與自己的特徵相符，你就選擇 Y(「是」)；如果陳述不符合自己的特徵，你就選 N(「否」)。

　　請注意測試本身無所謂對錯，它只是提出一個對「真實你」的描述，如果在某些情況下，你可能「低估」或「誇大」了自己，那麼，你可以請求與你較親近的人按照他們對你的看法做下述測試。在完成測試的過程中，儘量不要注意每一欄上面的字母。那些字母是用來說明你標記結果的，至於如何標記，在你完成所有測試後就會瞭解。

第三章　個性與職場

開始測試：

　　第一部分，回答的是你如何看待自己，請按測試要求開始答題。

第一部分	So	G	A	P	I	F	Sp	D
1‧我喜歡不受干擾地進行我的工作。	Y	N						
2‧我和陌生人接觸時就會不自在。			Y	N				
3‧只有在我確信和沒有犯錯誤時，我才會感覺放鬆。					Y	N		
4‧我經常能主動地對已經發生的事情作出反應。							Y	N
5‧我有一些問題使我深感憂慮。					Y	N		
6‧我處理困難問題的方法是馬上著手解決。							N	Y
7‧儘管保留想法比較合適，但我還是說出我的想法。			Y	N				
8‧我喜歡提供支援而不是自己挑頭做事。			N	Y				
9. 我喜歡和我的團隊在一起。	N	Y						
10. 我會力求通過不說使人傷心的事來保護人們。					Y	N		
11. 我從不承擔自己可以完全和正確處理以外的事情。							N	Y
12. 我傾向於看事情最壞的方面。					Y	N		
13. 過於密切地檢查情緒通常沒有什麼幫助。					N	Y		
14. 沒有很多使我煩心的事情。							N	Y
15. 我能使團隊協作達到最好的狀態。	N	Y						
16. 我是一個相當沉默的人。			N	Y				
17. 惡作劇會使我愉快。							Y	N
18. 人們不總是認識到自己言論的危害。			N	Y				
19. 我喜歡和詼諧、有趣的人相處。							Y	N
20. 除非有令人興奮的事情吸引我的注意力，否則我很快就會覺得無聊。							Y	N
21. 在壓力之下我能保持情緒冷靜。					N	Y		
22. 我很少會情緒化。					N	Y		
23. 我不喜歡長時間一個人獨處。	N	Y						
24. 我不會長時間地談論人們做事的動機。					N	Y		
25. 我確信人們聽到了我說的事情。			Y	N				
26. 我會因為做錯事情而失眠。					Y	N		
27. 我能與人共用我的想法和感覺。	N	Y						
28. 如果無人一起參與，我不能工作很久。	N	Y						
29. 我不喜歡和人談論我正在做的事情。	Y	N						
30. 我認為別人不同意我的意見是一種挑戰。			Y	N				
31. 我不能忍受集中精力於日常瑣事。							Y	N
32. 我能夠做沒有計劃的事情。							Y	N
33. 人們經常期望我能起帶頭作用。			Y	N				
34. 我喜歡和自己認識的人談論我的生活。	N	Y						
35. 我不會做任何有可能傷害別人感情的事情。					Y	N		
36. 我是一群人中比較沉默的一個。			N	Y				
37. 如果有必要讓人們都弄明白，我可以大聲地喊叫出來。			Y	N				

	So	G	A	P	I	F	Sp	D
38. 我感到生活幸福，並順其自然。							N	Y
39. 我喜歡人們在打擾我之前先問一下。	Y	N						
40. 處在一群人當中比自己獨處更有趣。	N	Y						

第二部分，與第一部分不同，是要你回答你希望別人如何描述自己。

第二部分	So	G	A	P	I	F	Sp	D
人們會把我描述為：								
1. 友好的	N	Y						
2. 孤立的	Y	N						
3. 冷靜的							N	Y
4. 賣弄的			Y	N				
5. 保守的			N	Y				
6. 容易煩亂的					Y	N		
7. 一個「容易打敗的對手」	N	Y						
8. 無畏的			Y	N				
9. 急躁的							Y	N
10. 活潑的							Y	N
11. 強壯的			Y	N				
12. 特立獨行的	Y	N						
13. 熱心的	N	Y						
14. 喜怒無常的					Y	N		
15. 「喜歡受人寵愛的」	N	Y						
16. 情緒外露的			Y	N				
17. 害羞的			N	Y				
18. 受人歡迎的	N	Y						
19. 實際的					N	Y		
20. 英勇的							Y	N
21. 無所謂的					Y	N		
22. 謙恭的			N	Y				
23. 直覺的							Y	N
24. 圓滑的					Y	N		
25. 令人印象深刻的							Y	N
26. 獨立的	Y	N						
27. 被動的							N	Y
28. 坦率的							Y	N
29. 自我封閉的					Y	N		
30. 溫柔的							N	Y
31. 孤獨的	Y	N						
32. 一絲不苟的					N	Y		
33. 緊張的			N	Y				
34. 勇往直前的			Y	N				
35. 無憂無慮的							N	Y
36. 溫和的							Y	N

第三章　個性與職場

37. 平靜的							N	Y
38. 非情緒化的					N	Y		
39. 害怕的			N	Y				
40. 主動的	Y	N						

計分評估：

請計算一下在每一欄內，你做出的選擇次數：

第一部分，如把你在「So」欄中選定的「Y」、「N」的次數相加，這就是你的 So 得分。字母 G、A、P、I、F、Sp、D 重複以上做法。

第二部分，重複以上做法，計算出你的得分。

將你的各部分得分分別填入下表內，並計算出你的總得分。

序號	第一部分（得分）	+	第二部分（得分）	=	總分數
So		+		=	
G		+		=	
A		+		=	
P		+		=	
I		+		=	
F		+		=	
Sp		+		=	

專家提示

以上每一組得分都和一種主要的個性特徵相聯繫，而它們都與你的職業密切相關。仔細的你不難發現，以上測試都是兩兩對應的，你選擇了一個「Y」，必然有一個「N」沒選，即：So 和 G 對應，A 和 P 對應，I 和 F 對應，Sp 和 D 對應。因此，你的個性不是 So 就是 G，不是 A 就是 P，不是 I 就是 F，不是 Sp 就是 D。你可以根據上表中你的得分找到代表你個性的字母。你可以對每個單獨的字母含義得到一種描述：

So—喜歡獨處 自立，自己採取主動，表現出主動性。有時被看成是安靜，也可能被看成是傲慢，甚至會被看成是「局外人」。自行其事，可以與人相處，但有時會害羞，人多的時候感到不自在。超然，有目的性，自己做決定。機智，不會傳播「小道消息」。 適合的職業： 考古學家、農場工人、手足病醫生、翻譯、郵遞員、火車駕駛員、作家、銀匠、技工、攝影師、計程車司機、程式師	**G—合群** 合群，但不一定是領導人物。喜歡呼朋喚友，討厭孤獨。忠誠並會提供幫助。為了得到接納，會輕易地被說服。為了合群會改變自己的行為。能解決人與人之間的分歧。愛參與，喜歡和別人一起做決定。 適合的職業： 飛機機組人員、拍賣人員、俱樂部秘書、娛樂官員、物業管理人員、活動組織者、公共人員、水手、青年工作者、教練
A—果斷 富有攻擊性，可能會有主宰傾向並比較固執。常常被看成是「急於求成」。大聲講話，直接切中要點。有決斷力，有時會冒險去得到自己想要的東西。能「打破沙鍋問到底」。可能會被看成是「愛出風頭」，但也會贏得別人的尊重。可能對別人的感受視而不見。有批判性，咄咄逼人。勇於承擔責任。 適合職業： 經紀人、俱樂部經理、演員、郵遞員、新聞編輯、銷售代理、酒店管理員、時裝採購員、談判人員、戲劇老師、運輸經理、記者	**P—消極被動** 把問題留給自己，寧願放棄也不願和別人爭論。容易相處，通常是好的合作夥伴。樂於助人，而且不會輕易煩躁。可能不會直接說出自己的想法。避免對抗，努力去取悅別人。容易合作，會尊重別人及幫助別人。 適合職業： 書本裝訂商、電腦操作人員、制衣商、篆刻師、獵場看守、減肥專家、園丁、陶工、店主、科技讀物作者、專利審查人員
I—富有想像力 對別人的感受比較敏感。情緒化，而且往往善於表達自己。思考後再做出決定，而不是靠一時衝動。容易被別人影響，會受別人批評的傷害。常常在小事上花太多的時間。常常感到沮喪和挫折。富有創新性，對感受和想法反應敏銳。 適合職業： 藝術家、作家(非科技讀物)、音樂家、舞蹈家、植物學家、音樂醫師、演講和戲劇教師、櫥窗裝飾師	**F—尊重事實** 有邏輯地看待事情。通常比較冷靜而且「腳踏實地」。喜歡有秩序、有組織的行為方式。不容易被別的事情分散精力。以一種克制的方式做事。客觀，善於分析，能看出問題的關鍵。能避開那些煩擾別人的細節。喜歡資訊和事實。 適合職業： 律師、攝影師、海關官員、潛水夫、不動產代理商、技工、獄警、技術人員、交通警察

Sp—跟著感覺走	D—深思熟慮
潑但比較衝動。喜歡變化、快速移動和不同的環境。常常感覺到難以堅持某件事情，或無法自始至終地完成某項工作。為人風趣，充滿熱情，富有感染力。因為老是在變換自己追逐的物件，容易被看成是缺乏「深度」。儘管會發揮很大作用，但可能會忘記組織紀律。	冷靜，平穩而且可靠。耐心地等待事情的發生。沉著，不容易為外界干擾。能根據變化的情況處理問題。做事很慢，深思熟慮，這樣會使人對他們產生信賴。看起來可能有點缺乏生氣或反應遲鈍。平淡無奇。自鳴得意——屬於那種會說「我早就告訴過你」的人。壓力面前應付自如。井井有條地完成任務。
適合職業：	適合職業：
舞蹈演員、展示人員、服裝師、美髮師、廣告助理、按摩師、模特、公關助理、零售助理、酒吧招待	救護人員、行政官員、臨床醫學家、國際象棋隊員、生物工程學者、救火隊員、安全官員、整骨療法專家、修補人員、外科醫生，工作指導專家

　　你的每一種個性特徵都與你的職業有關聯，但並非所有的描述都肯定適合你，如果把它們綜合在一起，那麼，將更具有說服力。總的來說，上述字母不同的組合，可以組成如下所示的 16 種個性狀況，根據你的測試結果找到屬於你的那一類：

1.FDAG—指導型	2.FSpAG—投機型
個性特點：尊重事實，深思熟慮，合群而且果斷	個性特點：尊重事實，有主創意識，果斷而且合群
適合職業：	適合職業：
軍官、銀行經理、總經理、酒店經理、生產部經理、零售主管、運輸部經理	廣告執行總監、拍賣主持、俱樂部秘書、財產代理、公共關係指導、政治家、運動裁判或組織者、高級管理者、資金籌集者
3.IDAG—裁判型	4.ISpAG—衛道型
個性特別：富有想像力，深思熟慮，合群而且果斷	個性特點：獨立，有主創意識，果斷而且合群
適合職業：	適合職業：
醫生、食道學家、心理醫生、護士長、高中教師、社會工作者、青少年工作者	公民權維護者、美容師、展示藝術家、記者、公關人員、戲劇教師、社團代表

5.FDPG—掃尾型 個性特點：尊重事實，深思熟慮，消極而且合群 適合職業： 救護人員、武裝部隊、出納員、護士、員警、獄警、消防員、警衛	**6.FSpPG—聯絡型** 個性特點：尊重事實，有主創意識，消極而且合群 適合職業： 廣播主持、郵遞員、酒吧招待、牙醫助理、美髮師、主角、中學教師、秘書、運動協助、團隊領導
7.IDPG—知心型 個性特點：獨立，深思熟慮，消極且合群 適合職業： 醫院搬運工、物業管理人員、精神病護士、幼稚園教師、治療專家	**8.ISpPG—共事型** 個性特點：獨立，有主創意識，消極被動，合群 適合職業： 顧問、市場助理、幼兒教師、接待員、零售助理、劇務、侍應生
9.FDASo—統籌型 個性特點：注重事實，深思熟慮，果斷，愛獨處 適合職業： 法律顧問、督察、公訴人、工作研究官員、海關官員、稅務員	**10.FSpASo—顧問型** 個性特點：注重事實，有主創意識，果斷，愛獨處 適合職業： 進出口商、採購人員、企業家、現貨或期貨交易商、銷售指導、市場交易人員、不動產投機商、道路管理人員、俱樂部經理
11.IDASo—設計型 個性特點：富有想像力，深思熟慮，果斷，愛獨處 適合職業： 分析家、建築師、商業顧問、監察員、記者、圖書館員、社會學家、醫學家	**12.ISpASo—理想型** 個性特點：獨立，有主創意識，果斷，愛獨處 適合職業： 建築師、藝術家、作家、廚師長、舞蹈家、室內設計師、音樂家、雕塑家
13.FDPSo—查閱資料型 個性特點：注重事實，深思熟慮，消極，愛獨處 適合職業： 會計技師、檔案員、拍賣商、司機、工程師、行動調查員	**14.FSpPSo—協助型** 個性特點：注重事實，有主創意識，消極，愛獨處 適合職業： 會計技師、導遊、廚師、神職人員、翻譯、電腦技師、道路巡查、醫師

15.IDPSo—專業型	16.ISpPSo—漫遊型
個性特點：獨立，深思熟慮，消極，愛獨處	個性特點：獨立，有主創意識，消極，愛獨處
適合職業：	適合職業：
植物學家、農場工人、旅遊景點工作者、園藝師、歷史學家、專遞員、陶工、牧人、房屋修理工、馬夫、槍械製造者、規劃者	酒吧招待、舞蹈家、娛樂藝人、模特、搬運工、生產線工人、售貨員、侍應生

2. 職業興趣測試

　　透過個性測試，你可以問自己：「我的個性特徵是否適合這種職業？」你還可以問自己：「我所喜歡的職業是否與自己的個性特徵相匹配？」如果它們不相符，也並不意味著你就不適合某種職業，但你應該思考如何用自己的個性來使自己成功。當然，也許你的個性不完全與你的職業相匹配，但興趣或能力測試卻證明了你適合這種職業。

　　在職業興趣上，有人喜歡文，有人喜歡理；有人喜歡從事室內工作，有人喜歡從事戶外或野外工作；有人喜歡治學，有人喜歡經商；有人喜歡多與人直接打交道，有人喜歡多與機構和器件打交道；有人願意成為人們關注的焦點，有人希望避開人們的視線；有人希望掌握拍板決策的權力，有人寧可卸卻承擔責任的重負。對於某些人夢寐以求的職業，其他一些人可能毫無興趣。那麼你的職業興趣是哪些呢？請完成以下這個測試。

測後講評：

　　請看下列每一組的工作或工作描述，按照你對其興趣的大小，將3分在兩種選擇之間進行分配。如果你對某種工作非常感興趣，你就給它3分，反之則給0分；但有的選擇起來比較困難，你對兩者都有興趣，你則需要分辨出哪個對你較有吸引力，你可以給該職業2分，而另一個則給它1分。

　　記住，每組測試你只有3分，3分分配不是3和0，就是2和1。根據自己的興趣分配分數，並將分數填寫在相應的字母後，至於表格上方的字母，這是用來說明你最後計算調查問卷得分用的，其目的稍後解釋。

	W	A	P	E	O	B	S
1 a 商業顧問或						a_	
1 b 記者	b_						
2 a 食品科學家或				a_			
2 b 職業護士							b_
3 a 政府公務員或					a_		
3 b 保健助理				b_			
4 a 營養學家或			a_				
4 b 警局司機			b_				
5 a 公司秘書或					a_		
5 b 職業賽馬騎師			b_				
6 a 一般辦事員或					a_		
6 b 自由專欄記者	b_						
7 a 教孩子各種科目或							a_
7 b 工程師				b_			
8 a 脊椎指壓治療者或							a_
8 b 建築協會職員					b_		
9 a 醫療記錄職員或					a_		
9 b 藝術家		b_					
10 a 火車司機或			a_				
10 b 總經理						b_	
11 a 幼兒教師或							a_
11 b 酒店行李搬運工			b_				
12 a 分銷經理或					a_		
12 b 水道測量調查員				b_			
13 a 電氣設計師或				a_			
13 b 市場統計員					b_		
14 a 診所心理學家或							a_
14 b 資產投機者						b_	
15 a 實驗室技術員或				a_			
15 b 政治間諜						b_	
16 a 服裝設計師或		a_					
16 b 資金募集者						b_	
17 a 玻璃銷售員或					a_		
17 b 精神治療醫師							b_
18 a 整骨專家或							a_
18 b 出版生產監控員	b_						
19 a 印刷設計師或		a_					
19 b 微生物學家				b_			
20 a 廣告統計經理主管或					a_		
20 b 天體物理學家				b_			
21 a 舞臺評論家或	a_		+				
21 b 現場社會工作者							b_
22 a 建築協會官員或					a_		

第三章　個性與職場

	W	A	P	E	O	B	S
22 b 人事經理						b_	
23 a 貨攤主或						a_	
23 b 飛機乘務員			b_				
24 a 三維設計師或		a_					
24 b 旅遊代理					b_		
25 a 戲劇老師或	a_						
25 b 財務人員					b_		
26 a 地區銷售經理或						a_	
26 b 商業機構電腦操作員					b_		
27 a 歷史學家或	a_						
27 b 垃圾處理工			b_				
28 a 見習主管或							a_
28 b 模型製作工		b_					
29 a 戲劇家或	a_						
29 b 生物工程學者				b_			
30 a 建築工人或			a_				
30 b 光學儀器商				b_			
31 a 制帽工或			a_				
31 b 電影編輯		b_					
32 a 藝術歷史學家或		a_					
32 b 比賽領隊							b_
33 a 重型貨車司機或			a_				
33 b 圖書管理員	b_						
34 a 外科手術助理或				a_			
34 b 藝術館館員		b_					
35 a 法官或	a_						
35 b 古典音樂家		b_					
36 a 獨唱演員或		a_					
36 b 磁帶生產商						b_	
37 a 警局巡警或			a_				
37 b 統計員					b_		
38 a 音樂指揮或		a_					
38 b 語言糾正醫生	b_						
39 a 外科醫生或				a_			
39 b 律師樓職員	b_						
40 a 保鏢或			a_				
40 b 流行音樂家		b_					
41 a 翻譯或	a_						
41 b 銷售助理						b_	
42 a 園藝工人或			a_				
42 b 社區教育工人							b_
總計							

計分評估：

計算一下在每一欄內，你所得的分數：如把「W」欄中的「a」、「b」所有的分數相加，就是你的 W 得分。字母 A、P、E、O、B、S 重複以上做法，將得分填入下表內。

欄	W	A	P	E	O	B	S
得分							

專家提示

字母 W、A、P、E、O、B、S 代表了工作興趣的七個領域 (如下表所示)，如果你某個單項得分很高，這顯示了什麼是你主要的興趣；反之，得分最低的，多半是你不太喜歡的某個職業領域。也許你有兩個或兩個以上得分較高的單項，這說明你的興趣廣泛，而你喜歡的職業則包括了幾個方面，不局限於某一領域。

W—語言

不管你從事什麼職業你都會用到語言，實際上，通過日常的實踐，你已經在語言方面成為一個專家。但是，如果這是你最喜歡的方面，那就意味著你希望把語言當作一種謀生的手段，而不是一種其他活動的附屬物。

感興趣的職業：

演員、記者、作家、語言老師、編輯、圖書館員、歷史學家、文藝評論家、翻譯、校對員

A—藝術

這一領域中的愛好幾乎總是表示你希望通過藝術、音樂或舞蹈發揮你的想像和表現你自己。在深層次的意義上，即使一個人並沒有藝術天分，它也往往暗示著，他們期望擁有一份能給予他們自由和機會來使用其直覺的職業。

感興趣的職業：

建築師、室內設計師、藝術家、化妝師、舞蹈家、音樂家、裁縫、雕塑家、雕工、銀匠、花匠、圖像合成師、金匠、櫥窗佈置員、插圖畫家

P—體力

這一領域涵蓋了需要你付出更多體力的工作，如從事體育運動或在室外工作。在這一領域的某些方面，體力勞動可能是精緻的，甚至是藝術性的。但在其他一些方面，則可能是涉及大型設備或機械裝置的沉重的體力付出。它可能需要一些如同機器一樣可見的工作技能。如果你在這一領域得分很高，可能表示你希望得到某種具體的東西，盼望著親身從事一些涉及各種物質的工作。

感興趣的職業：

動物訓練員、保鏢、麵包師、軍械工人、鐵匠、儀器製造者、造船工、職業賽馬騎師、建築工人、工匠、屠宰工、燈塔看守人、木匠、鎖匠、海岸警衛隊隊員、機械師、廚師、商船海員、潛水夫、礦工、司機、巡林員、農民、鑽探工人、漁民、停車場巡邏員、裝配工、管道工、飼養員、領航員、守門員、交通監管、馬夫、裝飾業者、地勤、獸醫

E—實驗

這一領域使你感興趣的可能是獲得知識和分析結果的機會，這些興趣適合你是因為你喜歡觀察、記錄和進行推理。這一領域內的職業需要研究和嚴謹工作的習慣。雖然這一領域的大多數職業都需要數學能力，但如果你對生物學感興趣，同你對物理學感興趣相比，你可能不必要求較高的數學基礎。

感興趣的職業：

天文學家、材料科學家、細菌學家、數學家、植物學家、氣象學家、化學家、微生物學家、營養學家、眼科專家、生物工程學家、物理學家、實驗物理學家、放射線技師、法醫專家、外科醫師、實驗室技師

O—組織

這個領域和管理有關，其中包括金融以及法律事務。它和所有機構，不管是公共的還是私有的機構都有關係，因為它涉及到資源的有效利用——人力資源或物質資源。

感興趣的職業：

會計師、公司職員、統計師、公司秘書、保險精算師、基金協會經理、行政管理人員、法律執行者、審計師、主計官、銀行職員、業務職員、會計、保險分析師、現金出納

B—商業

如果此領域是你最感興趣的，你將會為用自己的方法去謀生感到激動萬分。這裡不是指自己親自做什麼，而是指為自己工作。即使你的業務是以他人的名義運作的，這也是正確的。毫無疑問，在這一領域最成功的人是那些把工作當作自己的業務的人，不管是否真的如此。這種職業的責任和回報包括不能實現別人對你的期望，以及你向他們所做出的具體或假設的承諾所帶來的所有附帶風險。確實，在這一行業中，人們期望你具有個人主動性和決策的能力。

感興趣的職業：

經紀人、談判者、商業顧問、人事經理、商業人士、政治發言人、進出口商、政治家、管理顧問、總經理、銷售經理

S—社會

雖然每種職業都涉及相當數量的與人接觸，但你的目標是把人們團結在你的周圍。這一領域的高得分表示你在多大程度上準備幫助其他人的發展。你的職業可能包括從提供建議到一心一意地關心那些無法自理的人。

感興趣的職業：

急救人員、接生員、職業顧問、護士、兒童監護員、托兒所護士、手足病醫生、整骨專家、教育心理學家、物理療法醫生、衛生巡視員、緩刑監督官、旅館看門人、補課教師、行業護士、社會工作者、醫療執業者、教師

3. 你能勝任何種工作

　　從事某種職業最基本的要求是具備從事該種職業的能力。比如飛機駕駛員必須具備飛行員的條件，教師必須具備教師的條件等。那麼，你的自身具備哪些條件，你又能勝任哪些工作呢？

　　下面是歐洲流行的自測題，也是成功企業較青睞的職業能力測試試題。測試可以幫助你瞭解自己，讓自己日後擇業時能有的放矢。

測後講評：

　　本測驗用於評定人的「一般職業能力」。每道題都是一句描述你能力的話語，請根據自己的實際情況回答。如果這句話十分符合你，請選「強」；如果比較符合你，請選「較強」；一般符合你，請選「一般」；不太符合你，請選「較弱」；根本不符合你，請選「弱」。

開始測試：

第一組	強	較強	一般	較弱	弱
	1	2	3	4	5
1. 能快而容易地學會新的知識	（　）	（　）	（　）	（　）	（　）
2. 快而正確地解決數學題目	（　）	（　）	（　）	（　）	（　）
3. 學習成績總的來說良好	（　）	（　）	（　）	（　）	（　）
4. 你的理解、分析和綜合的能力	（　）	（　）	（　）	（　）	（　）
5. 對學習過的知識的記憶能力	（　）	（　）	（　）	（　）	（　）
各等級次數累計	（　）	（　）	（　）	（　）	（　）

$$\times 1 \quad \times 2 \quad \times 3 \quad \times 4 \quad \times 5$$

　　總計＝（　）＋（　）＋（　）＋（　）＋（　）

　　＝（　）

　　總計次數（　）÷5＝自評等級（　）

第二組	強	較強	一般	較弱	弱
	1	2	3	4	5
1.敢於表達自己的缺點	( )	( )	( )	( )	( )
2.閱讀速度快，並能概括中心思想	( )	( )	( )	( )	( )
3.掌握詞彙量的程度	( )	( )	( )	( )	( )
4.向別人解釋難懂的概念	( )	( )	( )	( )	( )
5.你的語文成績	( )	( )	( )	( )	( )
各等級次數累計	( )	( )	( )	( )	( )

$\times 1$　　$\times 2$　　$\times 3$　　$\times 4$　　$\times 5$

總計＝（　）＋（　）＋（　）＋（　）＋（　）

＝（　）

總計次數（　）÷5＝自評等級（　）

第三組	強	較強	一般	較弱	弱
	1	2	3	4	5
1.動身能力	( )	( )	( )	( )	( )
2.筆算能力	( )	( )	( )	( )	( )
3.心算能力	( )	( )	( )	( )	( )
4.打算盤子	( )	( )	( )	( )	( )
5.你的數學成績	( )	( )	( )	( )	( )
各等級次數累計	( )	( )	( )	( )	( )

$\times 1$　　$\times 2$　　$\times 3$　　$\times 4$　　$\times 5$

總計＝（　）＋（　）＋（　）＋（　）＋（　）

＝（　）

總計次數（　）÷5＝自評等級（　）

第三章　個性與職場

第四組	強	較強	一般	較弱	弱
	1	2	3	4	5
1. 解決立體幾何習題	（　）	（　）	（　）	（　）	（　）
2. 畫三維立體圖形	（　）	（　）	（　）	（　）	（　）
3. 看幾何圖形的立體感	（　）	（　）	（　）	（　）	（　）
4. 想像盒子展開後的平面形狀	（　）	（　）	（　）	（　）	（　）
5. 想像三維	（　）	（　）	（　）	（　）	（　）
各等級次數累計	（　）	（　）	（　）	（　）	（　）

$$\times 1 \quad \times 2 \quad \times 3 \quad \times 4 \quad \times 5$$

總計 =（　）+（　）+（　）+（　）+（　）

= （　）

總計次數（　）÷5＝自評等級（　）

第五組	強	較強	一般	較弱	弱
	1	2	3	4	5
1. 發現圖形中的細微差異	（　）	（　）	（　）	（　）	（　）
2. 識別物體的形狀差異	（　）	（　）	（　）	（　）	（　）
3. 注意物體的細節部分	（　）	（　）	（　）	（　）	（　）
4. 檢查物體的細節	（　）	（　）	（　）	（　）	（　）
5. 觀察圖案是否正確	（　）	（　）	（　）	（　）	（　）
各等級次數累計	（　）	（　）	（　）	（　）	（　）

$$\times 1 \quad \times 2 \quad \times 3 \quad \times 4 \quad \times 5$$

總計 =（　）+（　）+（　）+（　）+（　）

= （　）

總計次數（　）÷5＝自評等級（　）

第六組	強	較強	一般	較弱	弱
	1	2	3	4	5
1.快而準確地抄寫資料	( )	( )	( )	( )	( )
2.發現錯別字的能力	( )	( )	( )	( )	( )
3.能很快找到需要的東西	( )	( )	( )	( )	( )
4.在圖書館很快地查找編碼卡	( )	( )	( )	( )	( )
5.自我控制能力	( )	( )	( )	( )	( )
各等級次數累計	( )	( )	( )	( )	( )

$\times 1$　　$\times 2$　　$\times 3$　　$\times 4$　　$\times 5$

總計＝（　）＋（　）＋（　）＋（　）＋（　）

　　＝（　）

總計次數（　）÷5＝自評等級（　）

第七組	強	較強	一般	較弱	弱
	1	2	3	4	5
1.打排球隊	( )	( )	( )	( )	( )
2.打藍球	( )	( )	( )	( )	( )
3.打網球	( )	( )	( )	( )	( )
4.打算盤	( )	( )	( )	( )	( )
5.打字	( )	( )	( )	( )	( )
各等級次數累計	( )	( )	( )	( )	( )

$\times 1$　　$\times 2$　　$\times 3$　　$\times 4$　　$\times 5$

總計＝（　）＋（　）＋（　）＋（　）＋（　）

　　＝（　）

總計次數（　）÷5＝自評等級（　）

第三章　個性與職場

第八組	強	較強	一般	較弱	弱
	1	2	3	4	5
1.靈巧使用很小的工具有	（　）	（　）	（　）	（　）	（　）
2.穿針引線、編織等使用手指的活動	（　）	（　）	（　）	（　）	（　）
3.用手指做一件小手工藝品	（　）	（　）	（　）	（　）	（　）
4.使用計算器	（　）	（　）	（　）	（　）	（　）
5.彈琴（手指的靈巧度）	（　）	（　）	（　）	（　）	（　）
各等級次數累計	（　）	（　）	（　）	（　）	（　）

$$\times 1 \quad \times 2 \quad \times 3 \quad \times 4 \quad \times 5$$

總計＝（　）＋（　）＋（　）＋（　）＋（　）

　　　＝（　）

總計次數（　）÷5＝自評等級（　）

第九組	強	較強	一般	較弱	弱
	1	2	3	4	5
1.把東西分類	（　）	（　）	（　）	（　）	（　）
2.彈鋼琴	（　）	（　）	（　）	（　）	（　）
3.很快地削水果（如蘋果）	（　）	（　）	（　）	（　）	（　）
4.靈活地使用手工工具	（　）	（　）	（　）	（　）	（　）
5.在繪畫、雕刻等手工活動中手的靈活性	（　）	（　）	（　）	（　）	（　）
各等級次數累計	（　）	（　）	（　）	（　）	（　）

$$\times 1 \quad \times 2 \quad \times 3 \quad \times 4 \quad \times 5$$

總計＝（　）＋（　）＋（　）＋（　）＋（　）

　　　＝（　）

總計次數（　）÷5＝自評等級（　）

計分評估:

把每一組的自評等級填入下表

	自評等級	相應的職業能力的名稱
第一組	( )	一般學習能力 (簡稱 G)
第二組	( )	言語能力 (簡稱 V)
第三組	( )	算術能力 (簡稱 N)
第四組	( )	空間判斷能力 (簡稱 S)
第五組	( )	形態知覺 (簡稱 P)
第六組	( )	職業能力 (簡稱 Q)
第七組	( )	眼與手協調能力 (簡稱 K)
第八組	( )	手指靈巧 (簡稱 F)
第九組	( )	手的靈巧 (簡稱 M)

專家提示

將這九種能力與每種職業所要求的最低能力相對應,便可知道你能勝任哪些職業。下邊這張表便是每種職業所要求的職業能力標準。例如,生物學家所要求的能力是一般學習能力 (G) 為 1,言語能力 (V) 為 1,算術能力 (N) 為 1,空間判斷能力 (S) 為 2,形態知覺能力 (P) 為 2,職業能力 (Q) 為 3,眼與手協調能力 (K) 為 3,手指靈巧 (F) 為 2,手的靈巧 (M) 為 3。

職業與所要求的職業能力的基本標準

職業名稱	九種基本能力								
	G	V	N	S	P	Q	K	F	M
生物學專家	1	1	1	2	2	3	3	2	3
工程師	1	1	1	1	2	3	3	3	3
測量員	2	2	2	2	2	3	3	3	3
測量指導員	4	4	4	4	4	4	3	4	3
繪圖員	2	3	2	2	2	3	2	2	3
建築和工程技術顧問	2	2	2	2	2	3	3	3	3
建築和工程研究員	2	3	3	3	3	3	3	3	3
物理科學技術顧問	2	2	2	2	3	3	3	3	3
物理科學研究員	2	3	3	3	2	3	3	3	3
動物、植物學的技術專家	2	2	2	4	2	3	3	2	3
動物、植物學的技術員	2	3	3	4	2	3	3	3	3
數學家和統計學家	1	1	1	3	3	2	4	4	4
系統分析和程式編制者	2	2	2	2	3	3	4	4	4
經濟學	1	1	1	4	4	2	4	4	4
社會學、人類學者	1	1	3	2	2	3	4	4	4

第三章　個性與職場

職業名稱	九種基本能力								
	G	V	N	S	P	Q	K	F	M
心理學家	1	1	2	2	2	3	4	44	
歷史學家	1	1	3	4	4	3	4	4	4
哲學家	1	1	4	3	3	3	4	4	4
政治學家	1	1	3	4	4	3	4	4	4
政治經濟學家	2	2	2	3	3	3	3	3	3
社會學家	2	2	3	4	4	3	4	4	4
社會服務助理人員	3	3	3	4	4	3	4	4	4
法學家	1	1	3	4	4	3	4	4	4
律師	1	1	3	4	4	3	4	4	4
公證人	2	2	3	4	4	3	4	4	4
圖書管理學專家	2	2	3	3	4	2	3	4	4
圖書館、博物館和檔案管理員	3	3	3	2	2	4	3	2	3
職業指導者	2	2	3	4	4	3	4	4	4
大學講師	1	1	3	3	2	3	4	4	4
中學教師	2	2	3	4	3	3	4	4	4
小學和幼稚園教師	2	2	3	3	3	3	3	3	3
職業學校講師（職業課）	2	2	2	3	3	3	3	3	3
職業學校教師（普通課）	2	2	3	4	3	3	4	4	4
內、外、牙科醫生	1	1	2	1	2	3	2	2	2
獸醫學家	1	1	2	1	2	3	2	2	2
護士管理	2	2	3	3	3	3	4	4	4
護士	2	2	3	3	3	3	3	3	3
護士助手	3	4	4	4	4	3	3	3	3
工業藥劑師	1	1	1	3	2	3	3	3	3
醫院藥劑師	2	2	2	4	2	3	3	3	3
營養學家	2	2	2	3	3	3	4	4	4
配鏡師（醫）	2	2	2	2	2	3	3	3	3
配眼鏡商	3	3	3	3	3	4	3	2	3
放射科技術人員	3	3	3	3	3	3	3	3	3
藥物實驗室技術專家	2	2	2	3	2	3	3	3	3
藥物實驗室技術員	2	3	3	3	3	3	3	3	3
藝術家	2	3	4	2	2	5	2	1	2
產品設計和內部裝飾者	2	2	3	2	2	4	2	2	3
舞蹈家	2	3	3	2	3	4	2	3	3
演員	2	2	4	3	4	4	4	4	4
電臺播音員	2	2	3	4	4	3	4	4	4
作家和編輯	2	1	3	3	3	3	4	4	4
翻譯人員	2	1	4	4	4	3	4	4	4
體育教練	2	2	2	4	4	3	4	4	4
運動員	3	3	4	2	3	4	2	2	2
秘書	3	3	3	4	3	2	3	3	3
打字員	3	3	4	4	4	3	3	3	3

職業名稱	九種基本能力								
	G	V	N	S	P	Q	K	F	M
記帳員	3	3	3	4	4	2	3	3	4
出納	3	3	3	4	4	2	3	3	4
統計員	3	3	2	4	3	2	3	3	4
電話總機	3	3	4	4	4	3	3	3	3
一般辦公室職員	3	4	3	4	4	3	3	4	4
商業經營管理者	2	2	3	4	4	3	4	4	4
售貨員	3	3	3	4	4	3	4	4	4
員警	3	3	3	4	3	3	3	4	3
保全	4	4	4	5	4	4	4	4	4
廚師	4	4	4	4	3	4	3	3	3
招待員	3	3	4	4	4	4	3	4	3
理髮師	3	3	4	4	2	4	3	3	3
導遊	3	3	4	4	4	4	3	4	3
駕駛	3	3	4	3	3	5	3	3	3
農民	3	3	3	3	3	3	3	4	3
飼養動物者	3	4	4	4	4	4	4	4	4
漁民	4	4	4	4	4	5	3	4	3
礦工和採石工人	3	4	4	3	4	5	3	4	3
紡織工人	4	4	4	4	3	5	3	3	3
機床操作工	3	4	4	3	3	4	3	4	3
鍛工	3	4	4	4	3	4	3	4	3
無線電修理工	3	3	3	3	2	4	3	3	3
細木工	3	3	3	3	3	4	3	4	4
傢俱木工	3	3	3	3	3	4	3	4	4
其他一般木工	3	4	4	3	4	4	3	4	3
電工	3	3	3	3	3	4	3	3	3
裁縫	3	3	4	3	3	4	3	2	3

第四章　職場應對能力測試

第四章 職場應對能力測試

你是否具備協調、委任、管理、磋商、組織、說服、銷售和監管的能力？你能順利走過面試關嗎？你現在該跳槽了嗎？你能抓住升遷的機會嗎？這諸多的問題都是你職場開拓中必須面對和迫切需要弄清的問題。美國著名的企業管理專家詹姆斯·哈伯雷對此說：「這些問題的解答，直接反映了你職場應對能力的強弱。」

▌1. 職場應對能力自測自查

你瞭解自己嗎？你知道自己是否具有職場應對能力——協調、委任、管理、磋商、組織、說服、銷售和監管的能力？你能做好各種決策嗎？

下列測試題是成功企業測試員工職場應對能力的常用試題。完成測試，你就會對自己的職場應對能力有所瞭解。

測後講評：

認真閱讀下列各題，然後迅速而準確地回答，共 22 題，請將時間控制在 15 分鐘以內。

開始測試：

1. 你得到通知，你的上司不久將對你和你的下屬正在進行的一個專案做現場檢查。對於此事，你會：_____

　　A. 促使你的下屬比平常工作得更努力；

　　B. 到你的上司那兒去詢問具體檢查事項；

　　C. 忘掉這件事；

　　D. 向你的下屬簡要提一下這件事。

2. 完成一項工作任務所需的能力隨著工作層次的不同而有所區別。一個經理所需的能力應當在哪方面比那些需要這種能力的下屬更高：_____

　　A. 在工作的某一方面的技能；

B. 速度；

C. 指導他人的能力；

D. 準時。

3. 會議上交換意見對解決下列哪種問題最有價值：＿＿＿＿＿

A. 不可能解決的問題；

B. 有必要快速而決定性地解決的問題；

C. 非同尋常而且複雜的問題；

D. 對於與會者來說簡單而熟悉的問題。

4. 如果工廠裡的一個工人常常出事故，完全有可能是因為這個人不是：＿＿＿＿＿

A. 幸運得足以避免事故；

B. 在這項工作上有足夠的信心；

C. 對於安全工作的習慣給予了足夠的重視；

D. 身體強壯得足以勝任這項工作。

5. 你手下的一個檔案管理員報告說你現在正需要的資訊找不到了，而且猜測它已經被從檔案櫃中拿走，目前正被某個別的部門使用著。為了確保這種情況不再出現，你應當：＿＿＿＿＿

A. 不允許別的部門借你的檔案；

B. 讓你的檔案管理員向你報告所有被其他部門借走的資料；

C. 設定一個限度，限定你的檔案當中能被借走部分的數量；

D. 每當出借一份資料時，填一張出借卡片，並把它插到資料所在的位置上。

6. 你的上司要求你將你的工作進展進行定期、清楚而全面的報告。你應當呈報：＿＿＿＿＿

A. 口頭報告；對你的上司來說將你的口頭報告向管理系統報告更容易一些；

B. 口頭報告；準備口頭報告所花的時間和精力較少；

C. 書面報告；它們能在今後提供永久性的記錄；

D. 書面報告；它們需要討論的時間較少。

7. 作為一個人壽保險推銷員，在你向一個預期的客戶推薦某種特定的保險方案之前，就應當瞭解其情況。下列哪種是你應當考慮的因素中最不重要的：_____

　　A. 預期客戶目前的財務狀況；

　　B. 預期客戶未來可望的財務收入能力；

　　C. 預期客戶在你的銷售區域中可望居住多少年；

　　D. 預期客戶目前擁有的保險種類和其他投資的種類。

8. 多年來，廣告公司一直在利用名人來做產品促銷。為最有效地說服公眾購買某一特定產品，這位元名人應當具有下列哪項特徵：_____

　　A. 可信、有吸引力、有權勢或有名望；

　　B. 有吸引力、富有、能很好地使用時下的流行語語；

　　C. 有說服力、有吸引力、個子高；

　　D. 可信、有燦爛的微笑、悅耳的聲音。

9. 你是一家廣告社的銷售代表，並且已經向你預期的客戶清楚地說明了你的服務如何讓他的公司獲益。現在你應當問下列哪個問題來完成這筆交易：_____

　　A.「您願意我們公司來做您的代表嗎？」

　　B.「我認為一開始在電臺每日做三次廣告大概會比較合適，您認為呢？」

　　C.「什麼時候您覺得我們能夠幫助您，就打電話給我。」

　　D.「您不認為我們的工作很棒嗎？」

10. 這是你在一個化工廠工作的第一天，你被指派去和一個有經驗的技師一起工作。這一天的某一個時候，你意識到這個技師將要違反一項基本的安全規章。你能做的最好的一件事是：_____

　　A. 轉過頭去，這樣你就不會看見違規了；

　　B. 在規章確實被違反以前，什麼也不說，然後再提起它；

　　C. 毫不延遲地提醒技師注意；

　　D. 現在什麼也不說，但是在喝咖啡的休息時間和他討論這件事。

第四章　職場應對能力測試

11. 你的職務要求你每週一次提交很多表格和報告。完成這項任務最明智的方法是：_____

A. 每天或是每週一次，安排一段明確的時間，來完成這些報告；

B. 只有你有空餘時間，就完成這些表格；

C. 把這項任務委派給一個下屬；

D. 簡略表格的內容，並請你的上司參考上周的表格。

12. 大多數工業心理學家會說，一般來說，中層管理雇員通過非正式的小道消息途徑知道公司政策的變化是不可取的，因為：_____

A. 這表明上層決策階層的某個有關人士洩露了資訊，不能予以信任；

B. 這明決策群確實信任中層管理者；

C. 它扭曲和誇大了資訊，使之與事實不符；

D. 它重複了正式資訊傳播程式的工作。

13. 如果你是一位經理，你試圖把一樁投訴處理得令人滿意，投訴的事情與其說是真實存在的還不如說是想像出來的，你應當如何看待這樁投訴：_____

A. 把它看得和一件有真實依據的投訴一樣重要；

B. 認為它微不足道，因為它沒有真實的依據；

C. 認為它會在公司內部引起不安的局面；

D. 你騰得出時間來的時候才考慮它。因為不管怎麼說，它沒有真實依據，所以一點也不需要著急。

14. 作為一個百貨商場經理，你應該鼓勵還是不鼓勵你的雇員提出的增加銷售額和提高工作效率的建議：_____

A. 不鼓勵：當你要求雇員做一些額外的事情時，他們會生氣；

B. 鼓勵：雇員會在工作上互相挑錯，從而增加競爭因素，這會引起競爭並提高效率；

C. 鼓勵：雇員會形成對於工作的自豪感並增強工作興趣，這會提高整體工作效率；

D. 不鼓勵：雇員會輕視你，因為這看上去似乎是你不知道怎麼管理這個商店。

15. 為了讓你的雇員願意遵守新的標準作業流程，你應當準備：_____

A. 解釋新流程的優點；

B. 親自做部分工作直到你的雇員學會新流程為止；

C. 讓你的雇員減去額外的工作時間，如果他們由於使用新的流程而節約時間的話；

D. 應付工人罷工。

16. 人事部門工作人員應當有良好的面試技巧。一些有能力的工作人員把面試過程看做：_____

A. 一次熱情、友好而隨意的談話；

B. 一次有明確目的的熱情而友好的談話；

C. 一個相當嚴格的而有一定目的的討論；

D. 一個相當嚴格的程式，其中主試者與受試者被清楚地區分開來，它用一套系統的方法引出所有需要的資訊。

17. 你是一家旅館的前臺招待員。你正和一個顧客談話，這個顧客明顯誤解了你所說的話。這時，你最好說：_____

A. 「很抱歉，我沒有說清楚。」

B. 「您弄錯了。」

C. 「我認為您誤解了我。」

D. 「對不起，我認為在這一點上您有點不太清楚。」

18. 你是一個證券交易公司的銷售經理，有一個顧客投訴說你的一個銷售員有疏忽，並且不能幫助他解決一個資金問題。於是你調查這一事件，詳細與你的銷售員談話，查清這個顧客的投訴是其對於資金情況過度焦慮而產生的。在下列選項中你最恰當的選項是：_____

A. 把這個顧客仍然交由這個銷售人員負責；

B. 自己來負責這個顧客；

C. 把這個顧客交給另一個銷售人員負責；

D. 向這個顧客推薦另一家證券交易公司。

19. 你的上司堅持向你解釋一個工作程序，而這個工作程序你瞭解非常清楚。但是，你應當注意地聽，因為：＿＿＿＿＿

　　A. 在上司離開以後，你仍然可以用自己的方式來做這個工作；

　　B. 你可以抓住上司的一個錯誤，由此向你自己證明你知道得比上司更多；

　　C. 你的專心注意會給上司留下印象；

　　D. 用上司想要的方式來完成業務，是你的工作。

20. 某些因素能使員工的表現提高到一個更高水準上。從下列選項中挑選出一個為工業心理學家最常建議的專案：＿＿＿＿＿

　　A. 出色地完成一項工作，得到了承認；

　　B. 在工作一段時間以後對於保有這項工作有了安全感；

　　C. 一個經理密切的監管；

　　D. 雇員得到與錢有關的全方位的利益。

21. 一個公司為它的雇員制定明確的工作進度表的最重要的原因是：＿＿＿＿＿

　　A. 它明確了管理人員和下屬之間的關係；

　　B. 制定一個常規和程式，工作人員會更滿意；

　　C. 它減少了一個重要工作被無意中忽視的機會；

　　D. 它幫助會計人員計算薪資。

22. 作為一個公司的決策委員會的一員，一般來說，當你在下列哪種情況下，你會對委員會做出最大貢獻：＿＿＿＿＿

　　A. 放棄你的個人觀點，接受其他人的觀點；

　　B. 克服委員會其他成員對你看法的反對意見；

　　C. 說服委員會其他成員接受你的主要觀點，但是在一些小觀點上你做出讓步；

　　D. 把你的觀點和委員會其他成員的觀點結合在一起。

參考答案：

1.D	2.C	3.C	4.C	5.D
6.D	7.C	8.A	9.B	10.C
11.A	12.C	13.A	14.C	15.A	16.B
17.A	18.A	19.D	20.A	21.C	22.D

專家提示

如果上述測試你做的較好，至少答對 18 題以上，你最可能會：管理專案，給商品做廣告，主持會議，面對他人，協調活動，分派責任，分配產品，處理投訴，雇傭工作人員，管理組織，在部門之間斡旋，監管他人的工作進度，激勵他人，磋商協議，籌備一個公司，勸說他人，為公司的需求做計畫，促銷產品，銷售生活消費品，監管工作人員，準備一個公共關係活動，評價雇員的表現，並且檢查產品。

如果上述測試你做的不怎麼好，答對了 18 題以下，答對的題目越少，說明你的職場應對能力存在著的缺陷越大。但你也並不是毫無可取之處，在上述列舉的諸多工作中，你可能會很好地勝任某一方面或幾方面的工作。可要是你有遠大的理想，希望在職場中或自己的事業上成就一翻輝煌，希望你能更深入地探討這一話題，你可以從上述那些答錯的題入手，分析一下自己在哪些方面存在缺陷，從而有選擇、有目標地予以提高。

2. 你能順利走過面試關嗎

你可能已經讀過求職方面的書，並在心中反覆溫習著面試問題的標準答案，而這些書中的問題往往遵循著一個原則：難題、運算、應用、頭腦。但是你是否想過，如果面試官提的是其他一些問題，一些你沒有想過的問題，那你又該怎麼辦呢？這樣的問題可能是最難的，因為它們會表明你思維的敏銳程度。它們可能非常有誘惑力，讓你毫無戒備，從而中了圈套，展現出你的方方面面，包括你原本不打算暴露出來的某些個性。

由此，你會擔心到底自己是否能順利走過面試關呢？為了幫你解決這一疑惑，下面收羅了成功企業面試官近幾年來提出的一些有代表性的刁鑽問題，並告訴你如何巧妙地應付它們，希望能對你的面試有所幫助。

第四章　職場應對能力測試

面試官詢問的刁鑽問題：

1. 你最近讀了什麼書？

2. 你的約會很多嗎？

3. 你今天為什麼來到這裡？

4. 3 年以後你希望自己是什麼狀況？

5. 你的缺點是什麼？

6. 如果你的事業能從頭再來，你會怎麼樣？

7. 我們為什麼要聘用你？

8. 你對我們的公司有多少瞭解？

9. 你為什麼想為我們工作？

10. 你對這份工作有什麼期望？

11. 你會在我們這裡做多久？

12. 你需要多長時間才能為公司作出重要貢獻？

13. 你認為這份工作最吸引你的是哪些地方，不吸引你的又是哪些地方？

14. 你能為我們做什麼？

15. 你為什麼要辭去目前的工作？

16. 在此之前，你為什麼沒有找到一個新的工作？

17. 你如何評價你以前就職的公司？

18. 你希望在什麼樣的工作環境下工作？

19. 你認為你的強項和弱項分別是什麼？

20. 你對自己以前的上司有何看法？

建議：

1. 最好是從這個問題與你面試工作有什麼關係的角度來考慮。談一些與你工作有關的熱門期刊或書籍要好於談自己正在讀小說。面試官問這個問題的目的在於想知道你是否瞭解專業領域的最新動態。

2. 比較好的回答方式是：「如果您擔心我對私人生活的關注程度大於對工作的熱情，那麼我想向您保證，我對工作非常投入。同樣，我努力保持平衡的生活，以各種方式充實自己的業餘生活。」

3. 這樣的問題為你提供了一個闡述自己對這份工作的熱情的機會。面試時，讓自己放鬆是很重要的一點，不用管提出這一問題到底是什麼意思，你應想方設法讓你的回答能夠拉近與面試官的關係，並表明你有著自己的優勢。你可以說：「我來這裡是要和您討論一下我應聘 ×× 工作的問題。你願意聽我介紹一下自己的情況嗎？」

4. 比較好的回答是：「3 年以後，我希望自己仍在努力工作，而且能夠把工作做得更好。」這樣回答會讓面試官覺得你工作努力，而且給自己設立了高的標準。

5. 這是一個非常常見的問題。回答沒有缺點，會顯得自己驕傲自大；用幽默的方式回答，又顯得不穩重、太輕浮。一種較好的回答是：「我很難與不盡責的人一起工作。我對自己的工作有很高的標準，我希望別人也會給自己設立高的標準。我正學習如何更好地體諒別人，讓自己在氣惱之前更投入地對待自己的工作。」

6. 「沒什麼……我現在很開心，所以我不想有任何改變。」

7. 因為你有知識、經驗、能力等企業需要的東西。

8. 一定要有備而去，多瞭解一些有關這家公司的情況，盡可能多瞭解一些資訊，包括公司的規模、效益、產品、知名度、形象、員工、管理人才、技能、企業文化、歷史等。表現出對公司的興趣，可以增加面試官對你的好感。

9. 不要談自己想要什麼。首先談他們需要什麼：你希望投身於公司的某項具體計畫；你希望解決公司存在的某個問題；你能為公司某個具體目標作出貢獻。

10. 「希望能提供給自己一個展示自我、充分發揮技能並得到別人認可的機會。」

11. 「只要我們彼此都感到我在為公司做貢獻、在取得成績、有進步，我就會努力做下去。」

12. 不需要多長時間——你預計在經過短暫的適應期後，你就會為公司作出貢獻。

13. 列舉三個以上吸引你的地方，只列舉一個不吸引你的地方。

14. 以過去的經歷為例，談談你曾經成功解決過的，可能與這家公司所面臨問題類似的問題。

15. 回答要讓自己感到舒服，而且做到誠實的情況下簡要回答。盡可能給出一個客觀理由，如「我們部門被合併了。」

16.「找個工作很容易，但找到適合的工作就難了。」這樣回答表明你很「挑剔」。

17.「一家給我帶來許多寶貴經驗的好公司。」

18.「一個公平對待每一名員工的工作環境。」

19. 強調技能，但不要過於否定自己的弱點。無論何時，說自己在某方面的技能仍需改善總比說自己的缺點更安全。

20. 盡可能發表積極的看法。

3. 你現在該跳槽了嗎

你可能正在為是否跳槽而猶豫不決。想換工作吧，又怕得不償失，想繼續幹下去吧，又感到工作不如意、不順心，於是焦躁不安控制了你的情緒，你由此陷入了痛苦之中。

不過不要著急，做完以下測試，也許能幫助你走出交岔路口，做出一個正確的選擇。

測後講評：

本測試幫助你判斷自己對目前工作所持的態度，共20題，請在仔細閱讀題目後，選擇最符合自己實際情況的答案，並將答案填寫在題後橫線處。

開始測試：

1. 你工作時是否看錶？＿＿＿＿＿

　　A. 不斷地看；

　　B. 不忙的時候看；

　　C. 幾乎不看。

2. 星期一早晨，你：_____

    A. 覺得自己願意去上班；

    B. 希望獲得不去上班的理由；

    C. 開始工作時覺得很勉強，但過一會就置身於工作中了。

3. 一天的工作快要結束時，你：_____

    A. 感到疲憊不堪，全身不舒服；

    B. 為自己取得的工作成績而感到高興；

    C. 有時感到累，但通常很滿足。

4. 你對自己的工作是否感到憂慮？_____

    A. 偶爾感到憂慮；

    B. 從來不感到憂慮；

    C. 經常感到憂慮。

5. 你認為你的工作：_____

    A. 對你來說是大材小用；

    B. 很難勝任；

    C. 使你做了從來沒想到自己能做的事。

6. 你屬於以下哪種情況？_____

    A. 我不討厭自己的工作；

    B. 我通常對自己的工作感興趣；

    C. 我工作時總覺得心煩。

7. 你用多少工作時間打電話或做些與工作無關的事？_____

    A. 很少的時間；

    B. 一定的時間，特別是在個人生活遇到麻煩時；

    C. 很多時間。

8. 你覺得：_____

　　A. 自己總是很有能力；

　　B. 自己有時很有能力；

　　C. 自己總是沒有能力。

9. 你認為你：_____

　　A. 與自己同事相處得非常好；

　　B. 不喜歡自己的同事；

　　C. 與絕大多數同事都能很好相處。

10. 以下哪種情況最符合你的實際：_____

　　A. 我的工作已不能讓我學到更多的東西；

　　B. 工作中我已學到了許多，但並不認為自己完全掌握；

　　C. 工作中還有許多東西需要學習。

11. 你是否加班努力地工作？_____

　　A. 如果付加班費就加班；

　　B. 從不加班；

　　C. 經常加班，即使沒有加班費也是如此。

12. 去年除了假日或病假外，你是否還缺過勤？_____

　　A. 沒有缺勤；

　　B. 僅有幾天缺勤；

　　C. 經常缺勤。

13. 你認為自己：_____

　　A. 工作勁頭十足；

　　B. 工作沒有勁頭；

　　C. 工作勁頭一般。

14. 你認為自己的同事們：_____

　　A. 喜歡你；

　　B. 不喜歡你；

　　C. 並非不喜歡，只是不特別友好。

15. 你是怎樣選擇你目前從事的工作的？_____

　　A. 靠父母或朋友幫助選擇；

　　B. 該工作是我惟一能找到的工作；

　　C. 當時就覺得該工作對自己很合適。

16. 如果少付你三分之一的工資，你是否還願意做這項工作？_____

　　A. 願意；

　　B. 本來願意，但負擔不了家庭生活，只好作罷；

　　C. 不願意。

17. 你會為了消遣一下而請一天事假嗎？_____

　　A. 會的；

　　B. 不會；

　　C. 如果工作不太忙，就有可能。

18. 你覺得自己在工作中不受賞識嗎？_____

　　A. 偶爾這樣想；

　　B. 經常這樣想；

　　C. 很少這樣想。

19. 關於你的職業，你不喜歡哪一點？_____

　　A. 自己支配的時間太少；

　　B. 乏味；

　　C. 總不能按自己的想法做事。

20. 你是否希望自己的孩子將來從事你的工作？ _____

　　A. 是的，如果他有能力並且適合的話；

　　B. 不會的，而且要警告他不要做這種工作；

　　C. 不希望他做，也不反對他做。

計分評估：

選項 得分 題號	A	B	C	選項 得分 題號	A	B	C
1	1	3	5	11	3	1	5
2	5	1	3	12	5	3	1
3	1	5	3	13	5	1	3
4	3	5	1	14	5	1	3
5	3	1	5	15	1	3	5
6	3	5	1	16	5	3	1
7	5	3	1	17	1	5	3
8	5	3	1	18	3	1	5
9	5	1	3	19	5	3	1
10	1	3	5	20	5	1	3

專家提示

　　很多人因為種種原因，在目前的工作上充滿困惑，走也不是，留也不是，以至於無法安心工作。通過對你目前工作態度的測試，能讓你更看清目前的自己，幫助你作出最明智的選擇。

　　得分在 86 ～ 100 分，說明你對目前的工作很滿意。但若你的得分接近 100 分，說明你工作投注的熱情及喜歡程度有些過餘，可以說你是個不折不扣的「工作狂」，你應該在工作中多注意勞逸結合。

　　得分在 71 ～ 85 分，說明你對目前的工作比較滿意，與前者一樣你並不存在是否需要跳槽的問題，你不應受朋友或其他同事的影響，你現在需要做的是埋頭於自己的工作之中，相信敬業的你會取得好的成績。

得分在 51 ～ 70 分，說明你對目前的工作不太滿意，可能是你選錯了職業，或者是你與目前的同事或主管相處得不融洽，或者是你對自己估計太高。

得分在 0 ～ 50 分，說明你對目前的工作極度不滿，如果你還在猶豫是否需跳槽或是擔心什麼，那你是在「庸人自擾」，目前的工作實在不宜再幹下去，奉勸一句，勇敢點，走出去，你將發現另一片更廣闊的天地。

▌4. 你能抓住升遷的機會嗎

職場中誰都想有升遷的機會，誰都想用成績來實現自己人生的價值。但是，你的升遷與否與你是否具備較高的綜合素質有著密切的聯繫。可以這樣說，你是否能抓住升遷的機會，要看你是否具備較強的職場能力，否則，靠手段、關係等不正當的方法獲得的升遷，只能是曇花一現，被人看不起。

關於職場能力的問題，整本書都在講述，要用短短的幾題測試很不現實，但我們可以從側面來看你職場能力的強弱，通過你近期的表現、成就，來預測你是否能抓住下次升遷的機會。實力說明一切，你的實力是你獲得升遷最好的介紹信。

測後講評：

本測試共 40 題，描述近期可能發生在你身上的事情。請仔細閱讀，碰到狀況符合的陳述，就打個「√」，作答完畢，再按計分方式得出總分。

開始測試：

1. 我獲得了加薪。（　　）

2. 近來老闆對我態度越來越好。（　　）

3. 我買了一部新車。（　　）

4. 我買了一部個人電腦。（　　）

5. 我的感情生活相當穩定，或我的婚姻漸入佳境。（　　）

6. 我招攬了一些新客戶。（　　）

7. 我逐漸接近理想體重。（　　）

8. 我有了新的嗜好。（　）

9. 我搬到更好的社區。（　）

10. 我重新整修佈置了房子 (包括租來的)。（　）

11. 我的意見和想法愈來愈受上司重視。（　）

12. 我換了更好的工作。（　）

13. 我控制了自己的飲食習慣。（　）

14. 我比以前看了更多書 (小說除外)。（　）

15. 我被指定負責某些事情。（　）

16. 我開始穿著更貴的服飾。（　）

17. 我的老闆更依賴我的專業才能。（　）

18. 我的投資獲利可觀。（　）

19. 我參加國外旅遊或考察。（　）

20. 我的網球球技 (或其他運動) 有顯著進步。（　）

21. 我對自己的身體健康情形更加滿意。（　）

22. 我在各種社交場合裡愈來愈能處之泰然。（　）

23. 我成功地完成生平最大的計畫。（　）

24. 我比一向視為榜樣的人贏得更多名利。（　）

25. 我達到了一項個人的體能目標 (如在規定時間內跑完 3 公里)。（　）

26. 我對我的性生活比以往感到滿意。（　）

27. 我買了從未想過要擁有的東西。（　）

28. 我的同事開始尊重我的判斷。（　）

29. 我比過去更會存錢。（　）

30. 經過我的努力，我的專業能力更受肯定。（　）

31. 我提出意見或看法時更有自信。（　）

32. 我戒除了一個壞習慣。（　）

33. 我比以前更會運用時間。（　）

34. 我擺脫了一個事事會拖累我的朋友。（　）

35. 我結交了一些益友。（　）

36. 我比以前更能控制遭遇困難時的情緒反應。（　）

37. 我對我的工作品質更有自信。（　）

38. 我比以前更能控制情緒與壓力。（　）

39. 我在同業之間小有名氣。（　）

40. 我更能保留自己的想法並廣納眾議。（　）

計分評估：

在你的答案中，凡是有「√」的陳述都可以得到一分，沒有記號不記分，把「√」的數目加起來，即為你的總分。計 _____ 分。

專家提示

得分很低者：0 ～ 5

除非已經登峰造極，無須再有什麼晉升，否則，得分低的人有必要提升自己的職場能力。如果你得分落在此組，你的職場能力令人擔心，或是你缺乏方向或尚無目標，整天毫無目的。你應該努力改變現狀，否則，你不可能抓住升遷的機會。

得分低者：6 ～ 10

存在著與前者大致相同的毛病，但你比前者肯定會好一些，你需要的不是升遷的機會，而是在工作中集中精力，設定更明確的目標。

第四章　職場應對能力測試

得分中等者：11 ～ 17

就獲得晉升的可能性而言，你比前面兩者的機會大。你能結合充沛的精力和較明確的目標，而且過去你有一定的成績基礎。你應該充分利用自己的職場能力，再擴展自己的視野，朝既定目標邁進。加油！升遷，就在明天。

得分高者：18 ～ 22

你正努力增加自己成功的機會，但力量有必要集中一點。你就像手持散彈槍，什麼目標都想擊中。只要不產生焦慮，這樣做沒什麼不好。但最好謹記，成就的品質比成就的數量還重要，如果你能好好確定方向，抓住升遷的機會、獲取更大的成功，對你來說並非難事。

得分很高者：23 分以上

你的能力很強，但往往你很有野心，所以易雜亂無章，各種目標都想達到，這易使你因忙亂而錯過成功的機會。你不妨與專家談談，或許你成就動機過於強烈，但卻欠缺必要的知識和方向。

第五章 工作效能測試

在現在這個「一刻千金」的時代，效能是每個人追求的目標。效能是競爭最有力的資本。無論是誰，都應想方設法提高自己的工作效能。因為這就意味著生存，意味著職場開拓擁有一片美好的前景。成功企業要求員工具有高的工作效能：較強的執行力、自動自發工作的好習慣、良好的敬業精神、較高的時間利用率和對工作充滿熱忱。

▌1. 作效能自測自查

這是歐洲流行的測試題，曾被世界諸多企業作為員工工作效能自測的基本試題。共 33 題，測試時間為 25 分鐘，最大分值為 174 分。如果你已經準備就緒，請開始計時。

第 1～12 題：下列測試由一系列陳述句組成，請選擇一個與自己最切合的答案，並在所選答案的序號上打「√」。

答案標準如下：

	A	B	C	D	E
	從不	幾乎不	一半時間	大多數時間	總是
1. 我能在規定的時間內完成工作。	A	B	C	D	E
2. 我認為自己有責任完成好工作。	A	B	C	D	E
3. 我把困境當成是一種挑戰。	A	B	C	D	E
4. 我把錯誤看成是學習的機會，並從中吸取經驗、教訓。	A	B	C	D	E
5. 我勇於承擔積極行動的責任。	A	B	C	D	E
6. 我能言行一致。	A	B	C	D	E
7. 儘量找尋提高做事效率的方法。	A	B	C	D	E
8. 我能清楚地明白主管的意圖，並努力執行。	A	B	C	D	E
9. 我的主管對我很滿意。	A	B	C	D	E
10. 我樂意聽取一切有利於完成工作的建議。	A	B	C	D	E
11. 以團隊為重，個人服從團隊決定。	A	B	C	D	E
12. 我認為自己精力充沛，並富有競爭性。	A	B	C	D	E

第五章　工作效能測試

第 13～21 題：下列各題，每題有三個備選答案，請根據實際情況，選擇適合自己的答案。

13. 你認為工作是：_____

A. 使命　B. 生存的方法

C. 介於 A、B 之間

14. 你曾以「這不是我分內的工作」為由來逃避責任嗎？_____

A. 從不　B. 僅有一次

C. 至少 3 次以上

15. 你有過「每天多做一點」的想法嗎？_____

A. 從不　B. 僅有 1 次

C. 至少 3 次以上

16. 你曾認為同事的升遷：_____

A. 那是幸運　　B. 那很平常

C. 那是勤奮

17. 你經常第一個到公司嗎？_____

A. 經常　B. 有時候　　C. 從不

18. 你曾主動推後下班的時間嗎？_____

A. 從不　　B. 很少　　C. 至少 3 次以上

19. 公司的地很髒，你會：_____

A. 視而不見　　B. 想掃又礙於面子　　C. 主動打掃一下

20. 你認為你的工作：_____

A. 很偉大　B. 很平常　　C. 不值一提

21. 一件工作完成，你會：_____

A. 坐等下一工作的到來

B. 預測下一工作是什麼

C. 主動尋找下一工作

第22～33題:下列各題由一系列陳述句組成,請選擇一個與自己最切合的答案,並在所選答案上打「√」。

答案標準如下:

A. 非常符合　　　B. 有點符合　　　C. 無法確定

D. 不太符合　　　E. 很不符合

22. 我試圖每天摸索一種能幫我節省時間的竅門。	A	B	C	D	E
23. 我把每天要辦的事按輕重緩急列出,並儘量把重要的事情早點辦完。	A	B	C	D	E
24. 我做事講究找竅門,而不是一味蠻幹。	A	B	C	D	E
25. 我盡可能早地終止那些毫無收益的活動。	A	B	C	D	E
26. 我給自己騰出足夠的時間,突擊處理最急迫的事情。	A	B	C	D	E
27. 我一次只集中力量做一件事。	A	B	C	D	E
28. 當我連續辦完了幾件事,我獎給自己休息時間和特別報酬。	A	B	C	D	E
29. 我不論做什麼事,對自己和別人都提出時間要求。	A	B	C	D	E
30. 我保持桌面整潔,使我能隨時入座辦公,並把最急需處置的事情放在桌子正中。	A	B	C	D	E
31. 我把上班時間的閒聊減少到最低限度。	A	B	C	D	E
32. 我儘量減少一切「等候時間」。如果不得不等的話,我把它看作是「贈予時間」用來休息或做一點別的什麼事情。	A	B	C	D	E
33. 我把所有的瑣事積攢起來每月抽出幾個小時一起處理。	A	B	C	D	E

計分評估:

第1～12題,在上述12題中,每回答一個「A」得5分,回答「B」得3分,回答「C」得2分,回答「D」得1分,回答「E」得0分。計 _____ 分。

第13～21題,結合所選答案,按照以下計分標準,計算出自己的得分。計 _____ 分。

題號 得分 選項	13	14	15	16	17	18	19	20	21
A	6	6	0	0	6	0	0	6	0
B	0	3	3	3	3	3	3	3	3
C	3	0	6	6	0	6	6	0	6

第22～33題，每回答一個「A」得5分，回答「B」得3分，回答「C」得2分，回答「D」得1分，回答「E」得0分。計　　分。

總計分 _____。

專家提示

無論你目前從事什麼職業，或者想進入哪種職業，你可能都希望利用組織中的機遇來獲取工作所給予的最大滿意度。換句話說，就是你希望自己在工作中能有最大的工作效能、取得最佳的工作業績。

那你的工作效能又如何呢？通過以上自測，你就會有一定的瞭解：

如果你的得分在145分以上，說明你的工作效能為「優」，你有較強的執行力，你敬業、工作積極主動，你更懂得如何珍惜時間，你對工作充滿熱忱，這些都會是促使你成功的重要因素，只要保持這些良好的習慣，成功就會離你很近；

如果你的得分在115～144分，說明你的工作效能為「良」，你知道工作效能的重要性，但你做的還不夠，你的工作效能雖不至於拖你的後腿，但也不會是促使你成功的動力。要想在職場中成功，你就必須讓自己擁有最大的工作效能：加強執行力，更敬業，更主動積極，更加珍惜時間，把更多的熱情投入到工作之中去；

如果你的得分在115分以下，真的為你擔心，因為你的工作效能實在太差，你隨時有丟掉工作的危險，你現在所追求的不應該是什麼高尚的理想、遠大的目標，而應是腳踏實地地前行，讓自己遠離疏懶，前面兩者就是你最好的學習榜樣。

▋2. 你的執行力如何

執行力對於每一名員工來說，都是其必不可少的能力。如果說，領導者是指令的發佈者，那被領導者則是指令的執行者。假如員工不具備執行力或執行力較差，

那即使領導者具有再偉大的設想、再優秀的戰略，也都將失去任何意義。而對你而言，如果你的執行力很差，你就不可能有高的工作效率和好的工作業績，等待你的只能是失去工作的結局。

測後講評：

本測試測量你的執行力狀況，共 18 題，請在 5 分鐘內完成，答案只須回答「是」或「否」即可，可在答案填寫處用「√」或「×」表示。

開始測試：

1. 你能在舊的工作職位上輕而易舉地適應與過去的習慣迥然不同的新規定、新方法嗎？（　）

2. 你進入一新的部門，能很快適應這一新的群體嗎？（　）

3. 你是否善於傾聽？（　）

3. 對於工作中不明白的地方，你會向上司提出疑問嗎？（　）

5. 如果你瞭解到在某件事上上司與你的觀點截然相反，你還能直抒己見嗎？（　）

6. 今天上班天氣似乎要變，帶雨具又麻煩，你能很輕鬆地作出決定嗎？（　）

7. 星期一，上司要你星期五下班後提交一方案，到了規定時間，你發現自己的方案有不完善的地方，而且週末上司外出度假，你認為應該保證品質，到下星期一再上交嗎？（　）

8. 平時你能直率地說明自己拒絕某事的真實動機，而不虛構一些理由來掩飾嗎？（　）

9. 做一項重要工作之前，你是否盡可能獲取最好的建議呢？（　）

10. 做一項重要工作之前，你會為自己制定工作計畫嗎？（　）

11. 你善於為自己尋找合適的藉口，來掩飾工作中的小錯誤嗎？（　）

12. 為了公司整體的利益，你甘於得罪某人嗎？（　）

13. 你是否充分信任自己的合作者呢？（　）

14. 對於一執行困難的工作，你是否能全力以赴地執行使命呢？　（　）

15. 對自己許下的諾言，你是否能一貫遵守？　（　）

16. 你認為自己勤奮而不疏懶嗎？　（　）

17. 你常有順利完成工作的自信嗎？　（　）

18. 辛苦工作之時，你是否仍能保持幽默感呢？　（　）

計分評估：

第 7 題、第 11 題，回答應是否定的，其餘都應是肯定的回答。

每回答正確一題得 1 分，第 7 題、11 題回答錯誤扣 2 分，計　　分。

如果你第 7 題、第 11 題，都回答錯誤，你有必要檢查自己對本測試的態度，如果有失偏頗，建議你重測一試。

專家提示

執行力是每一個人工作效率、工作業績重要的決定因素之一。對於以上簡單的問題，重在真實性，做題之時應該是捫心自問，而不應該是走過場，否則測試就失去了意義。

以上 18 題是成功企業的雀巢食品公司為員工提供的執行力自測試題，旨在幫助員工真實地瞭解自己、彌補自己執行力的不足。

得分 17 ～ 18 分

你的執行力較好。你有較開闊的眼界與合理的知識結構，再加上你的果斷與良好的敬業精神，可以肯定你是上司、同事們信賴的物件。如果輔以正確的執行方法，你肯定會有高的工作效率、能夠取得較好的工作業績。

得分 11 ～ 16 分

你的執行力一般。工作中你很少有較高的效率，但你也不會拖公司的後腿。也許你正為自己有遊刃職場的能力而沾沾自喜，這就是你最大的缺點，千萬別以為「混同於世」就會一帆風順，要想有良好的工作業績、獲得升遷的機會，你就要發揮自己的一切能力，埋頭苦幹，你才能出人頭地。

得分 10 分以下

你做事往往拖拖拉拉。諸如一件工作，如果有誰替你去做，你簡直對他感激不盡，你使人覺得難以信賴，與你共事會很疲憊。也許對你來說，不做事才最消遙，但在你拒絕做事或不負責任的時候，你也失去了一次成功的機會。

3. 你工作的主動性怎樣

工作效率高的人具備自動自發的好習慣。自動自發不是別人指使你幹什麼，而是自己主動去幹什麼，它是一種自覺、一種忠誠、一種信念、一種自信之心。羅斯福曾說過：「傑出的人不是那些天賦很高的人，而是那些把自己的才能盡可能地發揮到最大限度的人。」

對你而言，你工作的主動性又怎樣呢？通過下列測試你就會瞭解。

測後講評：

本測試測驗者工作的主動性，共 10 題，每題有三個答案，請根據實際情況，選擇適合自己的答案。

開始測試：

1. 在工作中，對於你力所能及的事情，你願意：_____

   A. 與別人合作　　B. 說不準　　　　C. 自己單獨進行

2. 在接受困難任務時：_____

   A. 有獨立完成的信心　　　B. 拿不準

   C. 希望有能力強的人與自己一起進行

3. 你對自己的工作能力：_____

   A. 充分相信　　　B. 很不相信

   C. 介於 A、B 之間

4. 解決問題借助於：_____

   A. 獨立思考　　　B. 與別人討論

第五章　工作效能測試

C. 介於 A、B 之間

5. 對上司交代的任務：＿＿＿＿＿

A. 為保證品質，需要反覆檢查

B. 在規定時間內完成，並保證品質

C. 常能提前完成，並得到上司讚賞

6. 在社團活動中，是不是積極人員：＿＿＿＿＿

A. 是的　B. 看興趣　　　C. 不是

7. 上司指派你做一些簡單的工作，你會：＿＿＿＿＿

A. 認為上司看不起自己

B. 心中有抱怨，但仍會把工作做好

C. 不管工作多少，始終盡心盡力

8. 對於一件許多人都不願意做的艱巨工作，你會：＿＿＿＿＿

A. 主動請纓，相信自己的能力

B. 如果上司指派，自己會盡力做好

C. 不顯露自己，更不自尋煩惱

9. 在工作上，喜歡獨自籌畫或不願別人干涉：＿＿＿＿＿

A. 是的　B. 不好說　　　C. 喜歡與人共事

10. 你的學習多依賴於：＿＿＿＿＿

A. 閱讀書刊　　　B. 參加集會討論

C. 介於 A、B 之間

計分評估：

請按照下列記分標準，計算自己的得分，計　　分。

題號 得分 選項	1	2	3	4	5	6	7	8	9	10
A	0	2	2	2	0	2	0	0	2	2
B	1	1	0	0	1	1	1	2	1	0
C	2	0	1	1	2	0	3	1	0	1

專家提示

15～20分：自主性很強

你就像上滿發條的鐘一樣，時刻地走著。對你而言懶惰、拖延是你最痛恨的惡習。在工作中，不論自己分內的工作是多少，你都會盡心盡力完成，你對工作中遇到的問題不會徒勞地抱怨，而且對於艱難的工作，你還會主動請纓、排除萬難。自動自發是你的習慣，堅持下去，你會因此在職場中前景一片光明。

11～14分：自主性一般

對你而言沒有出類拔萃，也沒有落後於人，你有的只是平凡。在工作中，你不會有很高的效率，但一般你都能完成自己分內的工作。如果公司裁員，你往往不會擔心，因為有比你差的員工；但升職之時，你同樣也不在其中，因為有比你優秀的員工。

11分以下：自主性很差

你認為工作是謀生的手段，因此工作是為了生活。你少有激情、缺乏耐性，少有信心、缺乏目標，你就似一棵牆頭草隨風搖擺。在工作中，你依賴、隨群、附合，表面上你似有人緣，實際上你很不受歡迎，也許明天走人的就是你。

可以說自動自發是職場成功的前提。如果你不屬於自主性的人，請大聲朗讀：「我要主動工作。」其實，這並不是一個解決的方法，你需要的是制定自己的行動計畫，確定自己的使命，增加工作強度和效率，切實地使自己成為一個自動自發的人。

4. 敬業精神問卷調查

敬業，顧名思義就是尊敬並重視自己的職業，把工作當成私事，對此付出全身心的努力，加上認真負責、一絲不苟的工作態度，即使付出再多的代價也心甘情願，並能夠克服各種困難做到善始善終。如果一個人能如此敬業，那麼在他心中一定有一種神奇的力量在支撐著他，這就叫做職業道德。從古至今，職業道德一直是人類工作的行為準則，在世界飛速發展的今天，更是得以發揚光大，並成為成就大事所不可或缺的重要條件。

測後講評：

1. 本測試測量人的敬業程度。

2. 測試由一系列陳述句組成，請仔細閱讀，按要求選擇最符合自己情況的答案，並將所選答案序號填寫在題後橫線處。

3. 答案標準如下：

A. 不同意　　　　B. 介於 A、C 之間　　　　C. 同意

開始測試：

1. 不拿公司的一針一線。＿＿＿＿＿

2. 在規定的休息時間之後，立即返回工作場所。＿＿＿＿＿

3. 一看到別人違反規定，即向公司主管反映。＿＿＿＿＿

4. 凡與職務有關的事情，注意保密。＿＿＿＿＿

5. 不到下班時間，不離開工作職位。＿＿＿＿＿

6. 不採取有損於本公司名譽的行動，即使這種行動並不違反規定。＿＿＿＿＿

7. 自己有對本公司有利的意見或方法，都提出來，不管自己是否得到相應的報酬。＿＿＿＿＿

8. 不洩露對競爭者有利的資訊。＿＿＿＿＿

9. 注意自己和同事們的關係。＿＿＿＿＿

10.接受更繁重的任務和更大的責任。_____

11.只為本公司工作，不兼任其他公司的工作。_____

12.對外界人士要說有利於本公司的話。_____

13.把本公司的目標放在與工作無關的個人目標之上。_____

14.為了完成工作，在工作時間以外，自行加班加點。_____

15.不論在工作上或在工作以外，避免採取任何削弱本公司競爭地位的行動。_____

16.用業餘的時間研究與工作有關的資訊。_____

17.購買本公司的產品或服務，不買競爭者的產品或服務。_____

18.凡是支持本行業和本公司的人，均投贊成票。_____

19.為了工作績效，要做到勞逸結合。_____

20.在工作日的任何時間內及工作開始以前，絕對不喝烈性酒。_____

計分評估：

敬業程度低下：不同意有 6 個以上

敬業程度中等：不同意在 3～5 個

敬業程度上等：不同意在 1～2 個

敬業程度卓越：不同意 0 個

專家提示

在商品競爭如此激烈的現代社會，毫不誇張地說，一個公司的生死存亡，就取決於其員工的敬業程度。只有具備忠於職守的職業道德，才有可能為顧客提供優秀的服務，並能創造出優秀的產品。如果把界定的範圍擴大到以國家為單位，那麼一個國家能否繁榮強大，也取決於人民是否敬業。例如：身為員警就要為民眾盡職盡責；醫生則應一絲不苟，救死扶傷；政府官員應及時體察民情，為百姓解決實際問題。其實，只要構成社會的每個單元都能做到愛職如家，那麼這個社會就是一個無堅不摧的整體。

不幸的是，任何行業，任何工作領域裡都會有一部分人，總是在工作中偷懶，不負責任，經常為自己的失職而尋找藉口，並不知悔改，或許，在他們的頭腦裡根本沒有對敬業的理解，更不會認為職業是一種神聖的使命吧。

█5. 檢測你利用時間的效率

「你珍惜生命嗎？」班傑明·佛蘭克林說，「那麼別浪費時間，因為它是構成生命的材料。」

你很清楚地知道時間的重要性，可是你真的視時間為生命嗎？工作中你最有效地利用你的一分一秒了嗎？你真的清楚時間的價值嗎？

測後講評：

1. 本測試將幫助你瞭解工作中你利用時間的效率。

2. 測試由一系列問句組成，請根據下列答案標準，選擇最適合自己的答案，將答案填寫在問句後的橫線處。

3. 答案標準：以下 20 題，回答「是」或「否」，用「√」或「×」表示即可。

開始測試：

1.「只要善於利用時間，你可以每天 " 多 " 一點時間。」你認為這句話對嗎？ _____

2. 你清楚地瞭解自己工作效率最高與最低的時間嗎？ _____

3. 你為自己不熟悉的工作預先計畫嗎？ _____

4. 你不但把計畫記在腦子裡，而且還把它寫下來嗎？ _____

5. 你是否把每天的工作分輕重緩急呢？ _____

6.「辦公室的門永遠是打開的。」你認為這句話對話？ _____

7. 工作時有電話找你，你會有禮貌地聽對方長篇大論嗎？ _____

8. 工作在身，你是否有壓迫感呢？ _____

9. 有時等候不可避免，你會隨身帶一些閱讀材料嗎？ _____

10. 工作之際，你是否會稍作休息勞逸結合呢？ _____

11. 你的手腕上有隻手錶嗎？ _____

12. 一天的開始，你是否說過「明天我一定努力」？ _____

13. 來訪者不願透露來意，你會在工作室外接見他嗎？ _____

14. 你的辦工桌是否很整潔呢？ _____

15. 你是否會把同樣、同類、同時使用的東西放在一起呢？ _____

16. 你的檔按照重要性分類保管了嗎？ _____

17. 常用的東西你放在隨手可取的地方了嗎？ _____

18. 為了提高工作效率，你經常超負荷工作嗎？ _____

19. 你為每日、每週，甚至是每日制訂工作計畫嗎？ _____

20. 你會對自己的工作成果反覆檢查以確保萬無一失嗎？ _____

計分評估：

以上 20 題，第 6、7、12、18、20 題應答「否」，其餘的回答應是肯定的。請計算自己答對的題數為題，每答對一題得 1 分，計 _____ 分。

專家提示

人生短暫，這短暫的人生無限寶貴。生命是用時間來計算的，珍惜生命就要珍惜時間。古希臘哲學家赫拉克利特曾說：「人不能兩次踏入同一條河流。」說明了時間的不可逆轉，時間就是生命，浪費時間就是浪費生命。

時間也是工作的計算單位，在工作中浪費時間，實際上也是在浪費生命。工作當中的敷衍拖遝、消磨時光，使要做的事越積越多，最後導致什麼也做不了，而如果充分地利用每分每妙，可以做越來越多的事情，也就是在擴大工作成果，就是在延長自己的生命。在規定的時間內完成佈置的任務，完成任務後的時間裡可以進行下一步工作的準備或是提高自己職業素質讓自己更具競爭力。

經過上述測試，如果你的得分在 16 ～ 20 分，說明你利用時間的效率還可以；

得分在 11 ～ 15 分，說明你利用時間的效率一般；

得分在 10 分以下，說明你利用時間的效率較差。

6. 你對工作充滿熱忱嗎

一個人對待工作的態度直接決定了他在工作中的表現。

也許你有一份令人豔羨的工作，卻抱著消極的不知足的態度去面對，那麼即使你拿到再高的薪水，也不可能獲得快樂；也許你只有一份再普通不過的工作，甚至有些人會對你的工作不屑一顧，但是你由衷的熱愛它，全身心地投入進去，你就可以在工作中找到自己的快樂。

每個人做什麼樣的工作，並不完全由自己的意志來決定。「如果工作本身是不可以選擇的話，那麼我們至少還可以選擇對待工作的態度。」這就好像有的時候生活本身是不可以選擇的，但是我們依然要笑著面對生活。

那你對待工作的態度如何？是消極、不知足，還是充滿熱忱？做完下述測試你就會知道。

測後講評：

本測試是微軟公司測試員工工作態度的試題，共 10 題，請仔細閱讀下列各題，然後作答，再結合微軟公司給出的參考答案，看看自己對待工作是否充滿熱忱。

開始測試：

1. 你認為工作應該是豐富多彩、能夠帶來挑戰，能夠使你發揮所有的才幹和熱情，每天都 high 的嗎？

2. 你常常對自己喜歡的工作，抱有極大希冀，總認為那樣的工作能給自己帶來想要的東西嗎？

3. 你憎惡「重複」的工作嗎？你認為你現在的工作具有重複性嗎？

4.「一個企業之中，只有研發、客戶、行銷部門才需要激發員工的熱情和活力，至於其他部門，只要員工能安分地作好自己的本員工作，就可以了。」你對這個問題怎麼看？

5.「有人說，興趣是最重要的，只有興趣才能為我們提供永久的動力。」對於此你怎麼看？

6. 你經常跳槽嗎？有很多人跳槽的原因是覺得看不到自己的前景，失去了興趣和信心，你是否也是這樣？對此你如何看待？

7. 你知道什麼是工作的撞牆期嗎？以你的經驗，你認為應該如何對待工作的撞牆期？

8. 你會以「薪水、安定和福利」為標準選擇工作嗎？

9. 你希望在怎樣一個工作環境中工作？你認為自己與工作環境的好壞有關係嗎？

10. 如果讓你選擇一句話概括你對工作的看法，你會選擇哪一句？

參考答案：

1. 世界上不存在任何一個永遠使你 high 的工作，真正能使你 high 起來的是你自己。

2. 「我覺得，從每一份工作中，自己都能獲得很多，關鍵在於自己是否努力去發掘了這份工作的意義。」

3. 任何一個工作在本質上都是一樣的，都存在周而復始地重複，沒有一份工作能逃避「重複」這兩個字。

4. 任何一份工作，都是需要熱情和活力的，沒有一份工作例外，因為只有把熱情和活力投入到工作中去，才會做出好的成績。不管自己是哪個部門的一員，只有將自己的熱情投入到工作之中去，才可以把工作做好，並在工作中享受快樂。

5. 「雖然興趣很重要，但興趣都是易逝且能夠培養的。我認為興趣不能為我們提供永久的動力，動力更多來自一種責任，一種因熟悉而產生的眷戀，一種因已經取得成績而堅持下去的信心。」

6. 做一份工作，要把它做好，是一個長時間的過程。這與我們學任何一門手藝是一樣的道理，沒有時間的積累，不可能有大的成就。因此說，經常跳槽是不明智的行為，這樣的人少有獲得成功的。

7. 工作的撞牆期，就是在一個階段，工作沒有新的成績產生，甚至有的時候會出現下滑。

第五章　工作效能測試

　　「我認為遇到撞牆期，需要的首先是堅持的決心，與此同時，可以回顧自己已經取得的成績，給自己以自我激勵。當然，這也絕對不是一個盲目堅持的過程，隨著情況的發展，自己的經驗值也在不斷上升，工作方式和態度也在不斷的完善。」(可以結合自己的實際來說明)

　　8.「我並不認為為了‘薪水、安定和福利’而選擇一份工作有什麼不妥之處，其實，工作幹得如何，不在於這個選擇的本身，而在於進行了這樣的選擇後，緊跟著出現的對於工作的態度。」

　　9.「我希望自己能夠在一種積極向上、充滿鬥志的工作環境中工作。」

　　「工作環境不是一件很個人的事情，而是一件很公共的事情。儘管很多時候，一己之力不足以改變整個工作環境，但自己的舉動是導致工作環境或成或敗的因素之一，自己的工作環境如何，都與自己難脫關係。」

　　10.要選擇積極、向上的話語，有一句一直備受推崇：工作——施展自己的舞臺！

專家提示

　　人總是想做點自己想做的事情，不願意受外力的影響過大。但是人這一輩子不可能只做自己喜歡做的事情，所以我們就必須學會怎樣從我們並不喜歡的事務中尋找到樂趣。

　　誰都希望自己能夠有一份稱心如意的工作，都希望能夠在這份工作中使自己的才能得到施展。我們一直認為只有稱心如意的工作才能夠給我們帶來成就感和滿足感，才能夠使我們獲得快樂。我們忽視了給我們帶來快樂的其實並不是如何優越的一份工作，而是在於我們對於這份工作的態度。我們對一份工作感到厭煩，可能就會悶悶不樂，無精打采的度過每一天，恨不得時間過得快些，好讓自己從這種無聊的痛苦中解脫出來；我們對一份工作充滿了熱情，就會帶著陽光，帶著幽默，帶著愉快的心情去上班，覺得眼前的一切都是那麼舒適和親切。其實，對於任何一種工作，我們都可以拿出截然相反的兩種態度。關鍵在於我們是否意識到：既然我們要在這裡進行一天的工作，那麼我們為什麼不能讓自己快樂地去工作，而偏偏要選擇愁眉苦臉地打發時間呢？

　　選擇工作的態度在本質上是一種變革：開始嘗試著對自己原本不喜歡的事情感興趣；開始努力從原本認為枯燥乏味的工作中去尋找激情和動力；開始試著向原本

和自己「不對路」的人微笑，一起努力合作把工作做好；開始從以前懈怠的、吊兒郎當的工作狀態中走出來，開始認真地對待工作。這些在根本上就是一種變革，是對自己已形成的習慣的一種挑戰。

第六章　人生經驗測試

第六章 人生經驗測試

有許多很有前途的青年，在學校裡的表現非常出色，工作能力也很強，但進了大公司以後卻不久就辭職。問題到底出在哪裡了呢？經過對成功企業的 200 位人事部門經理的詢問，80% 的人事經理認為：是因為他們不善與職場中其他人相處，處處表現得很有傲氣，結果上司、同事都不喜歡他們，最後只好辭職。也就是說「人生經驗」的匱乏，直接導致了本應大有作為的青年，失去了競爭性，這實在讓人惋惜！

1. 人生經驗自測自查

這是歐洲流行的測試題，共 33 題，測試時間為 25 分鐘，最大分值為 174 分。如果你已經準備就緒，請開始計時。

第 1～9 題：請仔細閱讀下列各題，選擇一個你認為最符合的答案，並將所選答案的序號填寫在題後括弧內。

1. 你的同事換了一個新髮型，他自認為很不錯，問你：「覺得如何？」如果你認為不怎麼好看，你會？（　）

　　A. 明白地告訴他：「很糟糕！」

　　B. 婉轉地告訴他：「這髮型很適合你。」

　　C. 讚美說：「很漂亮！」

　　D. 默默地微笑。

2. 如果你的一位同事邀請你參加他的生日。可是，任何一位來賓你都不認識，你會？（　）

　　A. 你非常樂意去認識他們；

　　B. 你願意早去一會兒看有什麼可以幫忙的；

　　C. 謝謝他的好意，但你仍會拒絕他的邀請；

　　D. 藉故拒絕，告訴他：「那天已經有別的朋友邀請我了。」

第六章　人生經驗測試

3. 你與同事蘇菲交談，蘇菲大力誇獎她的好朋友露西，露西也是你們的同事，你會？（　）

　　A. 不苟同，並說出原因

　　B. 疑惑地問：「露西真的這樣嗎？」

　　C. 告訴蘇菲你也有些同感

　　D. 極力附合蘇菲

4. 當你覺得與一起工作的同事在各方面都合不來時，你怎麼辦？（　）

　　A. 勉強應付，儘量湊合下去；

　　B. 故意找碴，與他吵架，迫使主管注意並解決；

　　C. 向主管打他的小報告，要求主管把他調走；

　　D. 盡你所能諒解對方，實在不行，則向主管如實說明，待機解決。

5. 如果因公你需要處理某一件事，而處理這件事的結果不是得罪甲，就是得罪乙，而甲和乙恰恰又都是你的好朋友，你該怎麼辦？（　）

　　A. 向甲和乙先解釋這件事的性質，想辦法取得他們的諒解後，再處理這件事情；

　　B. 決不讓甲和乙知道，秘密地把這件事做完；

　　C. 事先不告訴甲和乙，事後再告訴未被得罪的一方；

　　D. 為了不得罪甲和乙，寧可丟掉工作也不去做這件事。

6. 你的上司請你幫助他辦一件事，但這件事你並不一定能夠辦到，你會？（　）

　　A. 為了不讓上司失望，先滿口答應再說；

　　B. 別為自己找麻煩，委婉地拒絕；

　　C. 告訴他這件自己並不一定能辦到，但你會盡自己最大的能力；

　　D. 建議他找另一位同事幫忙，他很可能做好這件事。

7. 你的一位上司很喜歡打麻將，你的同事經常與他一起「大打出手」，約翰前天就輸了 1000 美元，今天你的上司想讓你一起玩一會兒，你會？（　）

　　A. 找藉口，說：「今天家裡實在太忙。」

　　B. 告訴他你不會打，但如果他願意你可以做後勤工作；

C. 斷然拒絕；

D. 很樂意能與上司親密接觸。

8. 如果你工作單位的主管分成兩派並且對立衝突起來，夾在中間的你應該怎麼辦？（　）

A. 哪一邊更有權就倒向哪一邊；

B. 採取不介入態度，明哲保身，不得罪任何一邊；

C. 哪一個領導人是正義的就站在他那一邊，態度明確；

D. 來回奔走，設法調解兩派主管之間的矛盾。

9. 假設你是一位商場經理，一天，一位顧客闖入你的辦公室怒氣衝衝地發洩不滿，你意識到完全是她的錯，你的第一反應是？（　）

A. 為了維護公司形象，嚴肅地告訴她，這不是公司的責任；

B. 心平氣和地指出這是個誤會；

C. 努力遷就她的錯誤，對她表示同情，而後與她一起探討問題的所在；

D. 做一個有涵養的人，讓她盡情地發洩。

第 10 ～ 20 題：仔細閱讀各題，從備選答案中選擇一個與自己最切合的答案，並將所選答案的序號填寫在題後括弧內。

10. 在百貨公司美食街，新來的服務員送錯了東西，你會怎麼說呢？（　）

A.「雖然和我點的不一樣，但還是算了。」

B.「請換了它，這不是我點的。」

C.「你是新來的吧！好像弄錯了哦！」

D.「你怎麼搞的，這麼笨。」

11. 校友聚餐會上，碰巧你與多數同桌的人素不相識，你怎麼辦？（　）

A. 顯得緊張焦慮，左顧右盼；

B. 一言不發地聽別人的談話；

C. 尋找相識的人高談闊論；

D. 神態自若地加入大家的談論。

12. 你的一個朋友有事向你借錢，但幾個月前他向你借的錢尚未歸還，他似乎已經忘記，你會？（　）

　　A. 為自己能再次幫助朋友而高興；

　　B. 勉強借給他，但是滿腹牢騷；

　　C. 把臉色語氣變壞，使得朋友不得不改口；

　　D. 告訴他自己現在也缺錢。

13. 當你正專注於一件重要工作，一位朋友上門來找你傾訴苦惱，你怎麼辦？（　）

　　A. 放下手中的工作，全心傾聽；

　　B. 很不高興，流露出不耐煩的神態；

　　C. 表面應酬，似聽非聽，腦子裡還在想自己的事情；

　　D. 向他直言自己的情況，同他另約時間。

14. 下班後走在路上，有個拿行李的婦女撞了你，行李掉了下來，這當然不是你的錯，你會？（　）

　　A. 撿起行李給她，說一聲：「對不起！」

　　B. 不去計較，繼續走自己的路；

　　C. 認為道歉是很奇怪的事情；

　　D. 希望她能向自己道歉。

15. 在擁擠的公共汽車上，你的手機響了，你會怎麼辦？（　）

　　A. 不去接聽，讓它自個發響；

　　B. 有禮貌地接聽，儘量做到不影響他人；

　　C. 大聲應答，以防止對方聽不見；

　　D. 小聲接聽，以防止吵到別人。

16. 你有幾個非常要好的同事，經常玩在一起，一起出遊，近來社會上流行紋身，你的幾個同事商量一起去紋身，並叫你一起去，如果你不贊成，你會？（　）

　　A. 別破壞了兄弟般的情誼，答應同去；

　　B. 說這是原則問題，斷然拒絕；

C. 努力收集紋身的害處 (如危害健康)，勸說他們不要紋身；

D. 找個理由，說：「我女朋友不同意我去紋身。」

17. 假如你搬家到一個新的社區，周圍鄰居都不認識，顯得較生疏，你怎麼辦？ （　）

A. 儘量不與鄰居交往；

B. 馬上與鄰居打招呼，表現出友好的姿態；

C. 觀察鄰居對自己的態度再決定；

D. 故意顯出自己是很有來頭的，讓人家有種敬畏感。

18. 有一個不太熟悉的人，經常要麻煩你做一些事，你卻很忙，你怎麼辦？ （　）

A. 儘量躲避他；

B. 直截了當地告訴他很忙，不要再來麻煩了；

C. 表現上敷衍他，實際上心急如焚；

D. 盡自己的能力幫助，實在忙不過來時再向他說明情況。

19. 一位朋友向你借了幾十元錢，但後來沒還，好像不記得這件事了，你怎麼辦？ （　）

A. 就當沒這回事；

B. 假裝無意地提醒他曾借過錢；

C. 向他借同等數額的錢，並且也很快忘記；

D. 發誓以後再也不借給他。

20. 當別人嫉妒你所取得的成績時，你將怎麼辦？ （　）

A. 以後儘量顯得平庸一些，免得被人嫉妒；

B. 走自己的路，讓別人去說吧；

C. 同這些嫉妒者挑明瞭大吵一通，讓他們害怕；

D. 一如既往地工作，但同時注意反省自己的做法，儘量照顧他人。

第 21 ～ 25 題：下列 5 題，每題都有 5 個備選答案，請根據自己的真實情況選擇與自己最切合的答案，每題只能選擇一個答案。

21. 在參加幾個人的討論會時，你通常是？　（　）

　　A. 第一個發表意見；

　　B. 對自己瞭解的問題才發表看法；

　　C. 從來不在小組會上發言；

　　D. 很少在小組會上發言；

　　E. 雖然不帶頭發言，但總是要說上幾句。

22. 當自己的親人錯誤地責怪我時，你通常是？　（　）

　　A. 心裡憋氣，但不支聲；

　　B. 為了家庭和睦，違心地承認自己做錯了事；

　　C. 當即發火，並進行爭論，以維護自己的自尊；

　　D. 克制自己，耐心地解釋和說明；

　　E. 一笑了之，從不放在心上。

23. 當我必須在大庭廣眾之下講話時，你總是？　（　）

　　A. 因為緊張發窘而講不清話；

　　B. 儘管不習慣，但還是竭力保持神態自若的樣子；

　　C. 把這看成是一次考驗，精神抖擻地去講；

　　D. 你喜歡拋頭露面，這時講話更出色；

　　E. 無論如何也要推辭，不敢去講話。

24. 你喜歡與之經常交往的人通常是？　（　）

　　A. 異性，因為他們（或她們）與自己更合得來；

　　B. 同性，因為自己和他們（或她們）更容易相處；

　　C. 和你合得來的人，不管他們與自己的性別是否相同；

　　D. 你不喜歡與家庭以外的人多交往；

　　E. 你只喜歡與少數合得來的同性朋友交往。

25. 當你在人生道路上遇到考驗（如競選職位）時，你總是？　（　）

　　A. 很興奮，因為這是表現自己的機會；

B. 視作平常之事，因為你已經習慣了；

C. 感覺有些害怕，但仍硬著頭皮去面對；

D. 非常害怕失敗，寧願放棄嘗試；

E. 聽天由命吧！

第 26 ～ 33 題：下列各題，請從 A. 是 B. 不完全是 C. 否中選擇一答案，填入題後括弧內。

26. 你的表達別人常不易聽懂。（　　）

27. 你不習慣在陌生人面前說話。（　　）

28. 在上司、異性面前說話你會心跳加速，特別緊張。（　　）

29. 你不能從一個人的相貌大致判斷一個人的年齡。（　　）

30. 你曾在上司不高興時去惹了他。（　　）

31. 在人多的地方，你喜歡低頭走路。（　　）

32. 聽別人說話時手喜歡玩弄一些小東西。（　　）

33. 常與同事、朋友爭辯，弄得大家不歡而散。（　　）

計分評估：

第 1 ～ 9 題標準答案如下：

1.B	2.B	3.C	4.D	
5.A	6.C	7.B	8.D	9.C

每回答正確一題得 6 分，計 _____ 分。

第 10 ～ 20 題標準答案如下：

10.C	11.D	12.A	13.D	14.A	
15.B	16.C	17.B	18.D	19.A	20.D

每回答正確一題得 5 分，計 _____ 分。

第六章　人生經驗測試

第 21 ～ 25 題，計分標準如下：

選項 得分 題號	A	B	C	D	E
21	0	+5	-2	-1	+3
22	-1	0	-2	+5	+3
23	-1	+3	+5	-1	-2
24	-1	0	+5	-2	-1
25	+2	+5	0	-2	-1

按計分標準，計算出得分為 _____ 分。

第 26 ～ 33 題，每選擇一個 A 得 0 分，選擇一個 B 得 3 分，選擇 C 得 5 分。計 _____ 分。

總計 _____ 分。

專家提示

通過以上測試你對自己人生經驗狀況能有一個大致的瞭解，需要說明的是，上述 33 題，是從世界著名企業 IBM 的員工招募、員工培訓的試題中精選而來，要切實地作答，切忌避重就輕、一味地選擇最合理的答案，否則測試就失去了意義。

如果你的得分在 150 分以上，證明你的人生經驗豐富，你擁有你身邊同事所沒有的優勢，你一定要相信，在同一職位上你能取得比他們更好的成績，切記信心是你成功不可缺少的條件。

如果你的得分在 135 ～ 149 分，說明你的人生經驗很優秀，足以使你在職場中遊刃有餘地發揮，你凡事處理得當、合乎情理，可以說很有藝術，但又不八面玲瓏、圓滑逢迎。你的言談舉止處處透著誠實坦白的魅力，無論你工作的場合如何，笑臉和友善總伴隨在你周圍。

如果你的得分在 120 ～ 134 分，說明你的人生經驗屬於中等水準，你會有不少相處得好的朋友，但出於各種原因，真正與你推心置腹的知己卻不多。你身邊的同事往往對你很和氣，但似乎總有一層東西隔在你們之間，你應該找找原因所在。

如果你的得分在 120 分以下，說明你的人生經驗缺乏，你是個鬱鬱寡歡的人，你常獨行於眾人之外。工作中你常表現得很獨立，大有一副拒人於千里之外的架勢，這樣的你很難成功，多發現別人的好處和優點，是你必須立刻去做的事情。

2. 你是一個成熟的人嗎

一個人生經驗豐富的人通常是一個個性成熟的人。這樣的人凡事對自己充滿信心，相信自己的能力和思想，善於運用自己的知識和學問。在工作中，他能鎮靜地面對一切，哪怕遇到再大的挫折他也不會自暴自棄。他重視與同事的關係。他有自己獨特的見解，追求一個理智、永久、實際的生活原則，而不是假想、偏見、迷信所形成的生活原則。

測後講評：

本測試是成功企業 SONY 公司提供給員工的個性成熟度自測問卷，共 10 題，每個問題後有幾種表述的情況供選擇，請從中選擇一個和自己最切合的答案。在此 SONY 公司提醒到：請注意這是測驗你的真實想法和做法，而不是問你哪個答案最正確，因此請不要猜測「正確」的答案，以免測試結果失真。

開始測試：

1. 如果在比賽中我輸了，我通常的做法是：＿＿＿＿＿

    A. 找出輸的原因，提高技術，爭取下次贏；

    B. 對獲得勝利的一方表示欽佩；

    C. 認為對方沒什麼了不起，在別的方面自己比對方強；

    D. 認為勝敗是很正常的事情，很快就忘記了；

    E. 認為對方這次贏的原因是運氣好，如果自己運氣好的話也會贏對方。

2. 當生活中遇到重大挫折時，我便會感到：＿＿＿＿＿

    A. 這輩子算完了；

    B. 也許能在其他方面獲得成功，予以補償；

    C. 不甘心失敗，決心不惜付出任何代價，一定要實現自己的願望；

　　D. 沒什麼大不了的，我可以調整自己的計畫或目標；

　　E. 自己本來就不應當抱有這樣高的期望或抱負。

3. 別人喜歡我的程度是：_____

　　A. 某些人很喜歡我，另一些人一點也不喜歡我；

　　B. 一般人都有點喜歡我，但都不以我為知己；

　　C. 誰也不喜歡我；

　　D. 大多數人都在一定程度上喜歡我；

　　E. 我不瞭解別人的看法。

4. 在一般情況下，與我意見不相同的人都是：_____

　　A. 想法怪僻、難以理解的人；

　　B. 沒什麼文化知識修養的人；

　　C. 有相當理由堅持自己看法的人；

　　D. 生活閱歷和我不同的人；

　　E. 素養比我豐富的人。

5. 我對待爭論的態度是：_____

　　A. 隨時準備進行激烈爭論；

　　B. 只對自己感興趣的問題才爭論；

　　C. 我很少與人爭論，喜歡自己獨立思考各種觀點的利弊；

　　D. 我不喜歡爭論，儘量避免之；

　　E. 無所謂。

6. 受到別人指責時，我通常的反應是：_____

　　A. 分析別人為什麼指責我，自己在哪些地方有錯；

　　B. 保持沉默毫不在意，將一切指責置之腦後；

　　C. 也對他進行指責；

　　D. 儘量照別人的意思去做；

　　E. 如果我認為自己是對的，就為自己辯護。

7. 在工作或學習中遇到困難時，我通常是：_____

    A. 向比我懂得多的任何人請教；

    B. 只向我的親密朋友請教；

    C. 我總是盡自己的最大努力去獨立解決，實在不行，才去請求別人的幫助；

    D. 我只是咬緊牙關不請求別人來幫助；

    E. 我沒發現可以請教的人。

8. 在與別人的交往中，我通常是：_____

    A. 喜歡故意引起別人對自己的注意；

    B. 希望別人注意我，但又想不明顯地表示出來；

    C. 喜歡別人注意我，但並不刻意去追求這一點；

    D. 不喜歡別人注意我；

    E. 對於是否會引人注意，我從不在乎。

9. 我對用看手相、測八字來算命的看法是：_____

    A. 我發現算命能瞭解過去和未來，而且很準；

    B. 算命人多數是騙子；

    C. 我不清楚算命到底是胡說，還是確有道理；

    D. 我不相信算命能預測人的過去和未來；

    E. 儘管我知道算命是迷信，但還是時常一試。

10. 我認為對待社會生活環境的正確態度是：_____

    A. 使自己適應周圍的社會生活環境；

    B. 儘量利用生活環境中的有利因素發展自己；

    C. 改造生活環境中的不良因素，使生活環境變好；

    D. 遇到不良的社會生活環境，就下決心脫離這個環境，爭取調到別的地方去；

    E. 不管生活環境如何，我都要努力奮鬥，無愧自己的一生。

計分評估：

選項 得分 題號	A	B	C	D	E
1	+8	0	-3	+4	-4
2	-4	+10	0	+5	-3
3	0	+3	-3	+8	-2
4	-3	-2	+8	+4	0
5	-4	+8	0	-2	+3
6	+8	-3	-4	0	+4
7	+8	0	+4	-2	-4
8	-2	0	+8	-3	+4
9	-5	+3	-2	+10	0
10	0	+4	+8	-4	+6

　　根據你的答案，對照計分表，累計自己的總得分。這個總分就是你的個性成熟度指數，計 _____ 分。

專家提示

　　個性成熟的人大多有豐富的經歷，有大量過去失敗的和成功的經驗可供借鑒。但是，個性成熟的程度不一定與人的年齡成正比。

　　如果你的測試總分在 60 分以上，說明你是個很成熟老練的人。大凡個性成熟的人，在社會中都遊刃有餘，處事泰然。他們知道怎樣妥善地處理個人所遇到的各種問題。他們能夠準確地判斷：處理一個問題，哪種方式是有效的，哪些方式則會造成不良後果，從而選擇一種最佳的處理方案。他們常常成為別人請教和效仿的對象。

　　如果你的得分在 31 ～ 60 分，說明你的個性成熟度屬中等水準，對人生的一些事情把握、處理得比較恰當，而對另一些事情還沒有把握，以至束手無策或處理不當。你的個性具有兩重性：一半老練，另一半幼稚。你還需要在社會生活中慢慢磨練。

　　得分在 0 ～ 30 分，這說明你的個性還欠成熟，你還不善於處理社會生活中的各種問題矛盾，不善於觀察影響問題的各種因素，不能準確地預見自己行為的結果，還不能很好地適應複雜的社會生活。

　　如果你的測驗總得分是負數，說明你還十分幼稚，處理社會生活問題仍不成熟。你喜歡單憑個人粗淺的直覺印象和一時的感情行事，好衝動、莽撞不識大體。或者

相反，即遇事退縮不前，害怕出頭露面，孤獨而自卑。你容易得罪人，也容易被人欺騙，在社會生活中到處碰壁，無法實現自己的理想和目標。這與現代社會生活的要求很不適應，你必須設法使自己儘快地成熟起來。

3. 交際能力測試

交際能力對於一個人的職場開拓至關重要。美國的心理學家在貝爾實驗室所做的研究表明了交際能力的重要性。該實驗室的成員均為高智商的科學家和工程師，然而有的仍然燦若明星，而有的卻已失去了光彩。為何有此差別？原來明星們具有很強的交際能力，工作之外他們與技術權威們建立了可依賴的關係，一旦工作中需要幫助，幾乎總能很快地得到答覆。而業績平平者，向技術權威請教，然後等待答覆，結果往往得不到回音。對於交際能力，一位成功企業的行銷經理感慨地說：「沒有較強的交際能力，即使有再好的產品也有推銷不出去的危險。」

那你的交際能力足以使你在職場中遊刃有餘嗎？做完以下測試你就會瞭解。

測後講評：

本測試測量你的交際能力，請仔細閱讀下列各題，選擇一個你認為最符合的答案，並將所選答案寫在題後的括弧內。

開始測試：

1. 出門旅行度假時，你：_____

　　A. 通常很容易就交到朋友；

　　B. 喜歡一個人消磨時間；

　　C. 內心非常希望結交朋友，雖然不是很成功，但我仍然勇於實踐。

2. 和一個同事約好了一起去跳舞，但下班後你感到很疲憊，這時同事已回去換衣服，你：_____

　　A. 決定不赴約了，希望同事諒解；

　　B. 仍去赴約，儘量顯得情緒高漲，熱情活潑；

　　C. 去赴約，但詢問如果你早些回家，同事是否會介意。

3. 你與朋友的交往能保持多久：＿＿＿＿＿

　　A. 大多是天長地久型；

　　B. 長短都有，志趣相投者通常較長久；

　　C. 棄舊交新是常有的事。

4. 結交一位朋友，你通常是：＿＿＿＿＿

　　A. 由熟人的介紹開始；

　　B. 通過某特定場合的接觸開始；

　　C. 經過考驗而決定交往。

5. 你的朋友，首先應：＿＿＿＿＿

　　A. 能使人快樂輕鬆；

　　B. 誠實可靠，值得信賴；

　　C. 對我很欣賞，關心我。

6. 你和人們交往中的表現是什麼樣的：＿＿＿＿＿

　　A. 我走到哪兒，就把笑聲帶到哪兒；

　　B. 我使人沉思，能給人帶去智慧；

　　C. 和我在一起，人們總是感到隨意自在。

7. 別人邀你出遊或表演一個節目，你往往 ＿＿＿＿＿

　　A. 藉故委婉推脫；

　　B. 興致勃勃地欣然允諾；

　　C. 斷然拒絕。

8. 與朋友們相處，你通常的情形是：＿＿＿＿＿

　　A. 傾向於讚揚他們的優點；

　　B. 以誠為原則，有錯就指出來；

　　C. 不吹捧奉承，也不苛刻指責。

9.如果別人對你很依賴，你的感覺是：_____

　　A.我不太在意，但如果他們有一定的獨立性就更好了；

　　B.我喜歡被依賴；

　　C.避之惟恐不及。

10.來到一個新的環境，對那些陌生人的名字和他們的特點，你：_____

　　A.常能很快地記住；

　　B.想記住，但不太成功；

　　C.不在意這些東西。

11.對你來說，與人結交的主要目的是：_____

　　A.使自己生活得熱鬧愉快；

　　B.希望被人喜歡；

　　C.想讓他們幫你解決你應付不了的問題。

12.對身邊的異性，你：_____

　　A.只在必要的情況下才去接近他們；

　　B.與他們互不來往；

　　C.樂於接近他們，彼此相處愉快。

13.朋友或同事勸阻或批評你時，你總是：_____

　　A.非常勉強地接受；

　　B.斷然否決；

　　C.愉快地接受了。

14.在編織你的人際關係網時，被考慮的人選一般是：_____

　　A.上司及有錢有權有勢的人；

　　B.誠實且心地善良的人；

　　C.社會地位和自己差不多的人。

15. 對那些精神或物質上幫助過你的人，你：＿＿＿＿＿

　　A. 銘記在心，永世不忘；

　　B. 認為是朋友間應該做的，不必牽掛在心；

　　C. 時過境遷，隨風而逝吧。

計分評估：

題號 得分 選項	1	2	3	4	5	6	7	8	9	10	11	12	13	14	15
A	1	5	1	5	3	1	3	1	3	1	1	3	3	5	1
B	5	1	3	1	1	5	1	5	1	3	3	5	5	1	3
C	3	3	5	3	5	3	5	3	5	5	5	1	1	3	5

專家提示

　　一個人的交際能力如何，在很大程度上反映了他的人生經驗是否豐富。交際能力強的人，往往能在生活中、職場中既能左右逢源，又能堅守原則；既能取悅他人，又能不顯媚態。總之，交際能力強的人能在人際交往中遊刃有餘，其職場開闊前景一片光明。經過以上測試，你對自己的交際能力應該有了一定的瞭解。

　　得分在 15 ～ 29 分，你非常善於交際，人生經驗豐富，你凡事處理得當，合乎情理，很有藝術；但又不八面玲瓏，圓滑逢迎。你無論走到哪裡，笑臉和友善總伴隨在你的周圍。

　　得分在 30 ～ 57 分，你會有不少相處得不錯的朋友。但出於各種原因，其中真正能與你推心置腹的知己卻不多，似乎你們之間總有隔閡，你應該找找原因所在。

　　得分在 58 ～ 75 分，你的交際能力較差，人生經驗不夠豐富，你常獨行於眾人之外，一副高傲、拒人於千里之外的架勢。這樣的你很難成功，希望你多發覺別人的優點，努力做一個合群的人。

▌4. 你具有「察顏觀色」的本領嗎

「臉上表情，天上的雲彩。」人生經驗豐富的人，具有「察顏觀色」的本領，他能夠根據對方的言行舉止、喜怒哀樂等來分析自己的言行是否合理。這樣的人往往比一般人具有更強的適應性，至少他不會在同事高興時，潑一盆冷水，弄得大家不歡而散，更不會在上司憤怒時，出言不遜，惹禍上身。

測後講評：

1. 本測試測查人的觀察能力。

2. 本測試由一系列陳述語句組成，請根據實際情況，選擇最符合自己個性的描述，不要思考太多。

3. 為了保證測試的效果，請迅速作答，每小題控制在 10 秒鐘以內。

開始測試：

1. 進入某個單位時，你：_____

　　A. 注意桌椅的擺放；

　　B. 注意用具的準確位置；

　　C. 觀察牆壁。

2. 和人相遇時，你：_____

　　A. 只看他的臉；

　　B. 悄悄地從頭到腳打量他一番；

　　C. 只注意他臉上的某個部位。

3. 你從自己看過的風景中記住了：_____

　　A. 顏色；　　　　　　　B. 天空；

　　C. 當時浮現在你心裡的感受。

4. 早晨醒來後，你：_____

　　A. 馬上就想起應該做什麼；

B. 想起夢見了什麼；

C. 回憶昨天都發生了什麼事。

5. 當你坐上公共汽車時，你：_____

A. 誰也不看；

B. 看看誰站在旁邊；

C. 與離你最近的人搭話。

6. 在大街上，你：_____

A. 注意來往的車輛；

B. 觀察建築物的正面；

C. 看行人。

7. 當你看櫥窗時，你：_____

A. 只關心對自己有用的東西；

B. 也看看此時不需要的東西；

C. 注意觀察所有東西。

8. 看到你的親戚、朋友過去的照片，你：_____

A. 興奮；　　　　　　　B. 覺得好玩；

C. 儘量瞭解照片上都是誰。

9. 你在公園裡等一個人，於是你：_____

A. 仔細觀察你旁邊的人；

B. 只看報紙；

C. 想別的事情。

10. 在滿天繁星的夜晚，你：_____

A. 努力觀察星座；

B. 只是一味地看天空；

C. 什麼也不看。

11. 你放下正在讀的書時，總是：＿＿＿＿＿

    A. 用鉛筆標出讀到什麼地方；

    B. 放個書籤；

    C. 相信自己的記憶力。

12. 你記住你鄰居的：＿＿＿＿＿

    A. 姓名；   B. 外貌；

    C. 什麼也沒記住。

13. 你在擺好的餐桌前：＿＿＿＿＿

    A. 讚揚它的精美之處；

    B. 看看人們是否都到齊了；

    C. 看看所有的椅子是否都放在合適的位置上。

14. 你的同事在一小報上發表了一短文，興奮地向你炫耀，你會說：＿＿＿＿＿

    A. 「真了不起，文章寫得真不錯。」

    B. 「文章寫得不錯，但應該向大報社投稿。」

    C. 「我的朋友，在這報上已發表了十幾篇文章了。」

15. 你的上司今天悶悶不樂似在生氣，而你有事詢問，你會：＿＿＿＿＿

    A. 直接了當地向他詢問；

    B. 先做自己的事，等他心情好一點再問；

    C. 不是重要的事，索性不去問他。

計分評估：

題號 得分 選項	1	2	3	4	5	6	7	8	9	10	11	12	13	14	15
A	3	5	10	10	3	5	3	5	10	10	3	3	3	10	3
B	10	10	5	3	5	3	5	3	5	5	5	10	10	5	10
C	5	3	3	5	10	10	10	10	3	3	10	5	5	3	5

第六章　人生經驗測試

專家提示

我們不難發現，職場中成功的人士，往往具有良好的觀察能力，即所謂「察顏觀色」的本領。那麼，你是否也具有此能力呢？你的得分是多少呢？

如果你的得分在 100 ～ 150 分，說明你是一個很有觀察力的人。同時，你也能分析自己和自己的行為，你能夠極其準確地評價別人。

要是得分在 75 ～ 99 分，說明你有相當敏銳的觀察能力。但是，對別人的評價有時會帶有偏見。

得分在 45 ～ 74 分，說明你對別人隱藏在外貌、行為方式背後的東西漠不關心，儘管你在與人交往中不會產生多少嚴重的心理障礙。

如果你的得分在 45 分以下，說明你絕對不關心周圍人的內心思想。你甚至連分析自己的時間都沒有，更不會去分析別人。因此，你是一個自我中心傾向很嚴重的人。而這，可能會成為你進行社會交往、職場開拓的不小障礙。

第七章 心理素質測試

　　心理學家說：「境由心生，有什麼樣的心境，就有什麼樣的人生。」成功企業家說：「一個人連小小的人生打擊都承受不了，又怎能在今後艱難曲折的奮鬥之路上建功立業。」心理素質的好壞，往往決定了你在職場中是否能取得成功。其實，擁有良好的心理素質並不難，只要你在工作中多點激情，少點埋怨；多點關愛，少點冷漠；多點坦誠，少點虛偽；多點勇氣，少點懦弱；多點活力，少點惰性……那麼你的人生就會充滿勃勃生機，你的職場開拓必然有一片美好的前景。

▋1. 心理素質自測自查

　　這是歐洲流行的測試題，也是成功企業對員工心理素質測試的標準試題，測試不但能幫助你瞭解自己的心理素質如何，而且能測查出你是否存在心理障礙，以及存在何種障礙。

　　測試由一系列陳述句組成，請仔細閱讀，在你認為與自己最接近的狀況下打「√」。測試時請不要過多思考，憑自己的第一印象回答即可。

1. 我認為自己太大眾化了。	
2. 當我注意自己的照片時，總覺得很不滿意。	
3. 有時我怕別人嘲笑或批評而隱瞞自己的意見。	
4. 我覺得自己不可能贏得別人的關注。	
5. 獲取稱讚是非常困難的事。	
6. 與身邊的人相比，我覺得自己不夠好。	
7. 在社交場合中我感到害羞，並且自己意識到這種害羞。	
8. 我常常把自己設想得比實際更好。	
9. 直到現在我認為自己沒有成功過。	
10. 我常常覺得自己是失敗者。	
11. 總的來說，我認為自己自信心不夠。	
12. 近來，我感到情緒低落。	
13. 我時常無緣無故地覺得自己很悲慘。	
14. 以前感興趣的事情，我現在一點興趣也沒有。	

15. 我現在比以前更容易生氣激動。	
16. 一些事情我很難作出決定。	
17. 無緣無故感到疲乏。	
18. 一個人的時候想哭泣或有哭泣的衝動。	
19. 覺得自己是個多餘的人，沒有人需要我。	
20. 近來，感到做任何事都很費力。	
21. 我時常有無能為力的感覺。	
22. 我擔心會隨時丟掉自己的工作。	
23. 我做任何事都不想承擔責任。	
24. 作任何決定，都令我內心十分痛苦。	
25. 我為自己的健康而擔心。	
26. 有時我擔心會失去自己心愛的人。	
27. 我懼怕與陌生人相處。	
28. 我經常關心別人對我的印象。	
29. 我對具有威懾力的人物總感到害怕與苦惱。	
30. 我對無害的動物也感到恐懼。	
31. 我比一般人更容易臉紅。	
32. 為了一些事情我經常失眠。	
33. 我覺得自己有許多無法克服的困難。	
34. 我總是感到生活非常緊張。	
35. 面對艱難的任務，心中充滿擔心。	
36. 我常無緣無故地為一些不現實的東西而擔心。	
37. 如果事情沒有按照原計劃進行，我常感到手足無措。	
38. 當我和別人談話時，並特別想給人留下深刻印象時，我的聲音常會變得顫抖。	
39. 公共場合說錯了話，會使我很長時間不敢與人接觸。	
40. 我經常服用鎮靜劑。	
41. 有時一個念頭總在腦中反覆出現，我想打消它，但怎麼也辦不到。	
42. 我時常為一些細微末節的小事而煩惱。	
43. 我常擔心抽屜、窗戶、門是否鎖好。	
44. 我會為東西放錯了地方而煩躁難受。	
45. 如果我的生活被一些預料外的事打亂，我感到非常不快。	
46. 我常把自己描述成一個完美的人。	

47. 做事必須做得很慢以保證正確。	
48. 做事必須反覆檢查。	
49. 我是一個萬事不求人的人。	
50. 我常花大量時間整理自己的東西，這樣我可以在需要的時候找到它們。	
51. 我認為很多人的心理都不正常，只是他們不願承認而已。	
52. 我常常懷疑那些出乎我意料的、對我過於友善的人的誠實動機。	
53. 我認為有人會幸災樂禍希望我遇到困難。	
54. 我總擔心與我一起工作的同事會把工作搞砸。	
55. 我有忽冷忽熱的感覺。	
56. 我常感到心悸。	
57. 我感到別人想占我的便宜。	
58. 身體一有不適，我就擔心自己是否有病。	
59. 我無法影響和我一起工作的同事，使他們能協助我實現我所計畫的目標。	
60. 我認為很少有人值得我信賴。	

計分評估：

以上 60 題，每打一個「√」得 1 分，請將得分按以下 6 類分別計算：

第 1～10 題，計 _____ 分。

第 11～20 題，計 _____ 分。

第 21～30 題，計 _____ 分。

第 31～40 題，計 _____ 分。

第 41～50 題，計 _____ 分。

第 51～60 題，計 _____ 分。

專家提示

以上測試針對性很強，每項得分都代表了你的一種心理狀況：

自卑：第 1～10 題，如果你的得分在 5 分以上，說明你陷入了自卑的泥淖，你總認為自己事事不如人，自慚形穢，喪失信心，進而悲觀失望，不思進取。

憂鬱：第 11 ～ 20 題，如果你的得分在 5 分以上，說明你受到一定程度憂鬱的困擾，表現常常為興趣減退、情緒低沉、自我譴責，睡眠差，而且缺乏食欲。

恐懼：第 21 ～ 30 題，如果你的得分在 5 分以上，說明你時常具有恐懼感，可以說你有點懦弱，常常過多地自尋煩惱，杞人憂天，其實怕禍害比禍害本身更可怕，有時你明知恐懼沒有必要，可你就是無法控制自己。

焦慮：第 31 ～ 40 題，如果你的得分在 5 分以上，說明你受到焦慮的困擾，表現常常為出汗、心悸、總是擔心某事發生，甚至伴有尿急、頭痛等症狀。

強迫：第 41 ～ 50 題，如果你的得分在 5 分以上，說明你具有一定程度的強迫症，你總想不該想或不願想的事，或者控制不住做無意義的動作，比如每次出門後總是反覆回來檢查門是否鎖好。更為嚴重的是這些想法或動作已影響了你的正常工作、生活。

懷疑：第 51 ～ 60 題，如果你的得分在 5 分以上，你的疑心較重，不信任別人，與別人相處常常斤斤計較，不顧別人利益。

以上這些表現，是心理障礙的常見類型，如果你發現自己在某一方面或幾個方面存在問題，你必須立即尋找心理醫生諮詢，有針對性地進行治療。如果你不存在以上任何障礙，那麼恭喜你，你的心理很正常。如果整個 60 題，你打「√」的題目在 5 題以下，說明你的心理素質較好，你有較強的適應性、承受能力、自信心和意志力，你是你人生的「騎師」，你會擁有奮進、快樂、幸福的人生。

▌2. 心理適應能力測試

心理適應能力的強弱關係到我們能否工作得愉快，生活得幸福。你知道自己的「應變彈性」如何嗎？下面一組成功企業心理適應能力測試題，將給你一個明確的回答。

測後講評：

本測試幫助你瞭解自己心理適應能力的強弱，共 15 題，每題有三個答案供選擇，請根據自己的第一印象進行選擇，不要猶豫。

開始測試：

1. 當收到來自稅務局或環保局的一封沉甸甸的信時，你會：＿＿＿＿＿

　　A. 試著自己弄清事情的緣由；

　　B. 裝作沒看到，隨便誰撿起去處理；

　　C. 找個理由推給辦公室其他同事去處理。

2. 你急著赴約，中途卻被擁擠的交通所阻，你會：＿＿＿＿＿

　　A. 變得急躁不堪，同時想像等候者惱火的樣子；

　　B. 設想等候者會體諒你是不得已而遲到；

　　C. 很著急，但想想急也無益，乾脆不去想它。

3. 一件很重要的東西不見了，這時你會：＿＿＿＿＿

　　A. 急忙把那些可能的地方找一遍；

　　B. 心情暴躁地東翻西找來搜索；

　　C. 不動聲色地對最近一段時間的行為作一番仔細回顧。

4. 你向來用圓珠筆寫字，現在要你換鋼筆書寫，你會：＿＿＿＿＿

　　A. 感到彆扭；　　B. 有時有點不順手；

　　C. 感覺與圓珠筆沒什麼差別。

5. 你在大會上演說的姿態、表情、條理性及準確性與你在辦公室裡講話相比怎樣？＿＿＿＿＿

　　A. 基本上沒什麼差別；

　　B. 說不準，看具體的情況而定；

　　C. 顯然要遜色多了。

6. 改日班為夜班之後，儘管你做了努力，但工作效率總不如那些和你同時改夜班的人高，是嗎？＿＿＿＿＿

　　A. 對；　　　B. 說不上；　　　C. 不是這樣的。

7. 你手頭的任務已臨近最後的截止日期了，你會：_____

　　A.變得更有效率了；　　　B.開始錯誤百出；

　　C.心中暗急，但仍勉強維持正常狀況。

8. 在與人激烈地爭吵了一番以後，你會：_____

　　A.轉回到工作上，但有時難免出神；

　　B.嘮叨個不停，工作量遞減；

　　C.不受影響，繼續專心工作。

9. 你出差或旅遊到外地，住進招待所或旅館，睡在陌生的床鋪上，你會：_____

　　A.失眠得厲害，連換一種睡眠姿勢，換一個枕頭也會引起新的失眠；

　　B.有時會失眠；

　　C.和在家感覺沒有什麼差別。

10. 參加一個全是陌生人的聚會，你會：_____

　　A.先灌幾杯酒讓自己放鬆一下；

　　B.有時感到不自在，有時又能從這種狀態中擺脫出來，與人相敘甚歡；

　　C.立即加入最活躍的一群，熱烈談話。

11. 工作時間一改，你會：_____

　　A.在相當長一段時間內發生紊亂；

　　B.起初的兩三天感到不習慣；

　　C.很快就習慣了。

12. 有人劈頭蓋臉給了你一頓指責攻擊，你會：_____

　　A.頭腦清醒，冷靜而適度地予以回擊；

　　B.一下昏頭了，過後才去想當時該如何進行反擊；

　　C.在當時就還了幾句，但不甚中要害。

13. 你事先打電話給一位朋友預約登門拜訪，他答應屆時恭候。可當你如約前往，他卻有急事出去了。這時，你會：＿＿＿＿＿

　　A. 有些不滿，但既來之則安之；

　　B. 嘀咕不已；

　　C. 充分利用這一空檔，為自己下一步要做的事計畫一番。

14. 只有在安靜的環境中，你才能讀書，外面喧嘩嘈雜之時你便分心嗎？＿＿＿＿＿

　　A. 是的；　　　　　　　　B. 看吵鬧的程度而定；

　　C. 不，只要不是跟我吵，仍能專心讀書。

15. 同事們總說麥克脾氣執拗，難以相處，你覺得：＿＿＿＿＿

　　A. 麥克蠻好接近的，大家恐怕太不瞭解他；

　　B. 說不上對他什麼感覺；

　　C. 也有同感。

計分評估：

題號 得分 選項	1	2	3	4	5	6	7	8	9	10	11	12	13	14	15
A	1	5	3	4	1	5	1	3	5	5	1	3	5	1
B	3	1	5	3	3	3	5	5	3	3	5	5	3	3
C	5	3	1	1	5	1	3	1	1	1	1	3	1	5

15 ～ 29 分為 A，30 ～ 57 分為 B，58 ～ 75 分為 C。

專家提示

A. 心理適應能力強

　　世界千變萬化而你「遊刃有餘」，生活中、工作中的各種壓力你常能化之於無形；你過得心情愉快、萬事如意，這種精神品質有利於你的心理平衡與健康。你是個生命力強的人。

B. 心理適應能力一般

事物的變化及刺激不會使你失魂落魄，一般情形你都能作出相應的適應反應，可是如果事件比較重大、變得比較突兀，那你的適應期就要拖長。你瞭解自己的這種情況之後，最好預先準備，鍛鍊自己的快速適應能力。

C. 適應能力差

你不習慣生活、工作中的各種變化，這些變化常使你坐立難安、無法適從。不過，只要意識到了，還是有希望改善此狀況的。首先你要從思想上對那些你總看不慣的東西冷靜地剖析一番，它們真是十分難以忍受嗎？其次，要在心理上具備靈活轉移、順應時變的快速反應能力，不要將自己拘禁在慣有的固定模式中。

3. 你能承受住職業壓力嗎

任何一個工作者都可能承受職業壓力，而且有些工作的性質原本就是比較具有壓力的。例如，客運駕駛員、自動裝配員、會計師、護理師等。

職業壓力是很難去定義和測量的，因為它的來源包括工作特性和不同人的個性特徵。但當我們受到壓力的影響時，就會知道它的存在。基於此，本測試將由此入手，看你是否受到職業壓力的困擾，以及受到困擾的程度，並指導你該如何應對職業壓力。

測後講評：

本測試共 20 題，由一系列的疑問句組成，請在仔細閱讀後作答，如果你認為與你的情況相符，就在題後括弧內打「√」，反之，則打「×」。

開始測試：

1. 你的工作效率衰退了嗎？	（　）
2. 在工作上，你的進取心降低了嗎？	（　）
3. 你已對工作失去興趣了嗎？	（　）
4. 工作壓力比以前大？	（　）
5. 你感到疲憊或虛弱嗎？	（　）
6. 你頭痛嗎？	（　）

7. 你有胃痛嗎？	（　）
8. 你最近體重減輕了？	（　）
9. 你睡眠有問題嗎？	（　）
10. 你會感到呼吸短促嗎？	（　）
11. 你的心情經常改變或沮喪嗎？	（　）
12. 你很容易就生氣嗎？	（　）
13. 你常有挫折感嗎？	（　）
14. 你比以前更會疑神疑鬼？	（　）
15. 你比以前更覺得無助了？	（　）
16. 你使用太多藥物（像鎮定劑或酒精）來改變你的情緒嗎？	（　）
17. 你變得愈來愈沒有彈性嗎？	（　）
18. 你變得更加挑剔自己和別人的能力？	（　）
19. 你做得很多，但真正做完的很少？	（　）
20. 你覺得自己的幽默感減少了嗎？	（　）

計分評估：

如果你有 10 ～ 15 題回答「√」的話，你已經瀕臨警戒線了；

如果你的答案超過 15 題以上是「√」的話，那表示你已經快燃燒殆盡了。

但也不是沒有方法來挽救，你可以運用壓力管理的方法改善它，以提高自己承受職業壓力的能力。

專家提示

我們能對此做些什麼呢？總結一下大致包括以下幾個方面：

1.「你為什麼而工作？」不論是物質或抽象的，只要是你從工作中可能得到的，均請列出。這樣做可以瞭解自己的動機，以及工作的意義和價值。

2.「你真的很想做那些事？」列出所有你喜歡的活動，並依照各自的重要性，排出優先順序，然後標上你最後一次從事這些活動的時間。

3. 成立一個支持性團體，固定與朋友或同事見面。

4. 開始做一個身體的自我照顧計畫，包括運動、飲食和消除有害健康的習慣（像抽煙）。

5. 開始做心理的自我關照計畫，包括放鬆技巧，協商技巧，時間管理和自我肯定訓練。

6. 每天做些天真的事，像溜冰、吹泡泡或做做鬼臉等，讓自己放鬆、開懷，避免使自己太過嚴肅。

你是否感到自己受到了工作壓力的困擾而瀕臨枯竭？如果是的話，你必須改變它。你是可以控制自己感覺的。你可以做以上這些控制訓練，相信不久你應對職業壓力的能力就會有很大的提高，你會感到工作對你也是一種愉悅。

▌4. 你應付困境的能力怎樣

心理學家斯摩爾泰說：「一個人處在困境之中，最能表現出其心理素質的好壞。心理素質好的人視困境是另一種希望的開始，它預示著明天的好運；心理素質差的人一旦陷入困境，就悲觀失望，自己給自己增加很大的壓力。

那你應付困境的能力怎樣呢？做完下述測試你就會瞭解。

測後講評：

對於下列各種情況，不管是經歷過的還是未經歷的，請回答你會有什麼反應？如果提示的答案與你的反應類似，請選「會」，不是則選「不會」，請在你所選擇答案的代表字母上打「√」。

開始測試：

1. 下班後回家，你一打開門發現家中的水龍頭沒關，家中汪洋一片。

你的反應	會	不會
很鎮定	A	B
有點絕望	B	A
手發抖	B	A
保持平靜	A	B
生氣	B	A
報以一笑	A	B

2.你準時去上班，本以為時間掌握的恰恰好，可是半路上車子爆胎了。

你的反應	會	不會
鎮定	A	B
生氣	B	A
急得出汗	B	A
保持平靜	A	B
感到不安	B	A
緊張	B	A

3.和同事聊天，把另一同事對其不好的看法不小心說漏了嘴，雖竭力找話搪塞、掩飾，但對方還是很氣惱。

你的反應	會	不會
不知所措	B	A
臉紅不好意思	B	A
很鎮定	A	B
手發抖	B	A
順其自然	A	B
沉默不語	B	A

4.你依靠你的工作維持著家庭，但一天你去上班，人事部門發了一封信，告訴你，你被解聘了，你由此失去了工作。

你的反應	會	不會
徹底絕望	B	A
非常生氣	B	A
很鎮定	A	B
流出眼淚	B	A
不能接受	B	A
思考該怎麼辦	A	B

5.討論會上，大家認為你的論點錯誤，並嘲笑你。

你的反應	會	不會
臉紅不好意思	B	A
無所謂	A	B
很鎮定	A	B
生氣	B	A
保持平靜	A	B
不知所措	B	A

第七章　心理素質測試

6. 在工作中，遇到一個難題，你想了許多辦法也未能解決。

你的反應	會	不會
失去信心	B	A
相信總會解決	A	B
氣惱得很	B	A
保持平靜	A	B
將它拋給別人	B	A
想辦法予以解決	A	B

7. 上司對你的工作不滿，抱怨了幾句。

你的反應	會	不會
鎮定	A	B
心中充滿敵意	B	A
保持平靜	A	B
感到不安	B	A
說不出話來	B	A
臉發紅、發熱	B	A

8. 接到招募錄用面試的通知，你按照指定時間前往，已經等了一個多小時，仍無動靜。

你的反應	會	不會
產生敵意	B	A
生氣	B	A
很鎮定	A	B
有點慌亂	B	A
很平靜	A	B
手心出汗	B	A

9. 你認真準備了一些有關資料，以便和招募公司的人事科長面談時用。可是面試時，人事科長卻說：「你提供的資料不足以當推薦函。」

你的反應	會	不會
感到不安	B	A
很鎮定	A	B
不知所措	B	A
保持平靜	A	B
說不出話來	B	A
盡力爭取機會	A	B

10. 在餐廳吃完午餐準備付錢時，發現忘了帶錢包。

你的反應	會	不會
不知所措	B	A
很鎮定	A	B
臉紅不好意思	B	A
冒冷汗	B	A
很平靜	A	B
想辦法解決問題	A	B

計分評估：

把選 A 的總數加起來，就是測驗的得分。計 _____ 分。

得分在 55 ～ 60 分，說明你應付困境的能力較強；

得分在 41 ～ 54 分，說明你應付困境的能力一般；

得分在 0 ～ 40 分，說明你應付困境的能力較差。

專家提示

上述測試是從心理的角度測試你應付困境的能力。需要注意的是答題時力求最切實際，如果你做不到這一點，測試就失去了意義。

為求準確，你可以請你的家人、朋友幫助你再測一次，讓他們替你回答上述問題，你還可以不管評估標準，抓住你經歷過的幾種情形，仔細地分析。

總之，如果你得分較低，你就有必要加以警惕，你應付困境的能力讓人擔心。對此，斯摩爾泰先生為你提供了解決的方法：

「一個人在生活中、工作中不可能總是一帆風順，所以應付困境的能力對你來說就顯得尤為重要，要走出困境，提高自己應付困境能力，你可以：

1. 誠懇而客觀地審視周遭情勢。不要歸咎別人，而應反求諸己。

2. 分析陷入困境的過程和原因。重擬計畫，採取必要措施，以求改正。

3. 在重作嘗試之前，想像自己圓滿處理之後喜悅的情景。

4. 把足以打擊自信心的話語、記憶一一埋藏起來，並不斷地激勵自己。

5. 重新出發。

你可能必須再三試行這些步驟，然後才能如願以償。重要的是每嘗試一次，你就能夠增加一次收穫，你應對困境的能力就提高了一分。」

5. 意志力測試

一個人想做出任何成績，都要能堅持下去，堅持下去才能取得成功。說起來，一個人做一點事並不難，難得是能夠持之以恆地做下去，直到最後成功。許多人做事，起初能付出行動，但是，隨時間的推移、難度的增加以及氣力的耗費，便從思想上開始產生放鬆和畏難情緒，接著便停滯不前、退避三舍，直至最後放棄了努力。究其原因，只因「意志力」薄弱，最終徒勞無功、一事無成。

測後講評：

本測試將幫助你瞭解自己意志力的強弱，共 20 題，每題可依自己的情況作出判斷。

答案標準如下：

A. 完全符合　　　B. 比較符合　　　C. 無法確定

D. 不太符合　　　E. 完全不符

開始測試：

1. 我很喜愛長跑、爬山等體育運動，但並不是因為我的天生條件適合這些項目，而是因為這些運動能夠增強我的體質和毅力。	[A B C D E]
2. 我給自己訂的計畫，也常常因為我自己的原因不能如期完成。	[A B C D E]
3. 我信奉「凡事不做則已，要做就要做好」的格言，並儘量照做。	[A B C D E]
4. 我認為凡事不必太認真，做得成就做，做不成就算了。	[A B C D E]
5. 我對待一件事情的態度，主要取決於這件事情的重要性，即該不該做；而不在於對這件事情的興趣，即想不想做。	[A B C D E]
6．時我臨睡前發誓第二天要開始做一件重要事情，但到第二天這種幹勁又沒有了。	[A B C D E]

7．工作和娛樂發生衝突的時候，即使這種娛樂很有吸引力，我也會馬上決定去工作。	[A B C D E]
8．常因讀一本妙趣橫生的小說或看一個精彩的電視節目而忘記時間。	[A B C D E]
9. 我下決心堅持的事情（如學外語），不論遇到什麼困難（如工作忙），都能夠持之以恆，堅持不懈。	[A B C D E]
10. 如果我在學習和工作中遇到了什麼困難，首先想到的是先問一問別人有什麼辦法沒有。	[A B C D E]
11. 我能長時間做一件無比枯燥的工作。	[A B C D E]
12. 我的愛好一會兒一變，做事情常常是「這山望著那山高」。	[A B C D E]
13. 我只要決定做一件事，一定說做就做，決不拖延到第二天或以後。	[A B C D E]
14. 我辦事喜歡揀容易的先做，困難的能拖就拖，實在不能拖時，就三下五除二做完拉倒，所以別人不太放心讓我做難度大的事。	[A B C D E]
15. 遇事我喜歡自己拿主意，當然也可以聽一聽別人的建議作為修正。	[A B C D E]
16. 生活中遇到複雜的情況時，我常常舉棋不定，拿不定主意。	[A B C D E]
17. 我不怕做我從來沒有做過的事情，也不怕一個人獨立負責重要的工作，我認為這起碼是一個鍛煉自己的好機會。	[A B C D E]
18. 我生性就膽小怕事，沒有百分之百把握的事情，我從來不敢做。	[A B C D E]
19. 我從來就希望做一個堅強的、有毅力的人，而且我深信「功夫不負有心人」。	[A B C D E]
20. 我更相信機會，很多事實證明，機會的作用大大超過個人的艱苦努力。	[A B C D E]

計分評估：

在上述 20 道試題中，凡題號為單數的試題(1，3，5，7，9……)，A、B、C、D、E 依次為 5、4、3、2、1 分。凡題號為雙數的試題(2，4，6，8，10……)，A、B、C、D、E 依次為 1、2、3、4、5 分。

20 道試題的總得分，如果在：

91 分以上，意味著你意志力十分堅強；

81 ～ 90 分，意味著你意志力較堅強；

61 ～ 80 分，意味著你意志力只是一般；

51 ～ 60 分，意味著你意志力比較薄弱；

50 分以下，意味著你意志力十分薄弱。

專家提示

　　一個一心奔向成功的人，在他的字典裡，沒有「不可能」這幾個字。因為他相信，任何困難，都是可以被戰勝的，只要自己肯去努力，肯去拼搏與奮鬥。

　　要想做成一件事，你要從心裡就堅信是完全可以做到的，並且把「不可能」的想法，從你的心中刪除掉。談話中不提它，想法中排除它，態度中去掉它、拋棄它，不再為它提供理由，不再為它尋找藉口，把這個字和這個觀念永遠地拋棄，而用光輝燦爛的「可能」來替代。

　　堅強的毅力是成功者的必備要素。而堅強的毅力，來源於對遠大目標的執著、渴望和對自己克服困難、戰勝逆境的信心，無論是走路還是做事，大部分人都喜歡直線，不喜歡走曲線，但是現實環境有時要求我們遭受挫折，走一段彎路，這時候，就要求我們鼓起勇氣，不要氣餒，不要中途自暴自棄，過程的曲折並不代表失敗，只要我們銳意進取，以百折不回的精神向前進，終會擺脫逆境的困擾。

　　在事物發展的道路上，總有一些轉捩點，面臨這種突破之前，往往是最困難、最艱巨的時刻，這種時刻，我們一定要判斷形勢，確定方向，無論情況多麼嚴峻，也決不輕易放棄，因為只要堅持到底，渡過難關，就會出現「山窮水盡疑無路，柳暗花明又一村」的奇景。

▋6 你是一個自信的人嗎

　　自信表明了一種對自我能力、優勢的認可與肯定，自信可以使一個人認為自己有能力冒風險，接受各種挑戰和工作任務，提出要求並尊重承諾。自信是一個人無論面對挑戰還是各種挫折時，對完成一項任務或採用某種有效手段完成任務所表現

出來的信念。自信的人通常對自己的各種判斷和結論信心十足，儘管他人可以給予自己建議、引導和幫助，但是一旦到了下結論的時候，卻必須是自己出面，而且不容質疑。他們敢於承擔失敗的責任，敢於就工作中的問題向上級與顧客提出質疑，他們是職場中的佼佼者，值得每一個員工效法和學習。

測後講評：

本測試將說明你瞭解自己的自信心狀態，共 20 題，請在與自己最切合的答案下打「√」。

開始測試：

	是		否	
1. 一旦你下了決心，即使沒有人贊同，你仍然會堅持到底嗎？	是		否	
2. 當你和上司或老闆談話時，你會與他對視嗎？	是		否	
3. 公司有一重要的工作，尚未確定由誰去做最好，而你認為自己完全有能力勝任，你會主動毛遂自薦嗎？	是		否	
4. 面對一項重要的工作，你懷疑過自己的能力嗎？	是		否	
5. 如果你被提名參加競選某社團社長職位，你希望得到這一職位，而你的朋友卻認為參選是浪費時間的事，你會參加競選嗎？	是		否	
6. 對別人的讚美，你持懷疑的態度嗎？	是		否	
7. 你總是覺得自己比別人差嗎？	是		否	
8. 你對自己的外表滿意嗎？	是		否	
9. 你認為自己的能力比別人強嗎？	是		否	
10. 你是個受歡迎的人嗎？	是		否	
11. 你認為自己很有魅力嗎？	是		否	
12. 你有幽默感嗎？	是		否	
13. 你對順利完成工作有把握嗎？	是		否	
14. 危急時，你很冷靜嗎？	是		否	
15. 你經常羨慕別人的成就嗎？	是		否	
16. 你會為了討好別人而打扮嗎？	是		否	
17. 你認為你的優點比缺點多嗎？	是		否	
18. 你經常跟人說抱歉嗎？即使在不是你錯的情況下。	是		否	
19. 你希望自己具備更多的才能和天賦嗎？	是		否	
20. 在聚會上，你經常等別人先跟你打招呼嗎？	是		否	

計分評估：

在上述試題中，第 4、6、7、15、16、18、19、20 題回答應是否定的 (「否」)，其餘各題都應是肯定的回答 (「是」)。

每回答正確一題得 1 分，計 _____ 分。

專家提示

如果你的分數是 16 ～ 20 分，說明你對自己信心十足，明白自己的優點，同時也清楚自己的缺點。不過，在此有必要提醒你：如果你得分接近 20 分的話，別人可能會認為你很自大狂傲，甚至氣焰太勝。你不妨在別人面前謙虛一點，這有利於你人際關係的和諧。

如果你的分數是 11 ～ 15 分，說明你對自己頗有自信，但是你仍或多或少缺乏安全感，對自己產生懷疑。你不妨提醒自己，在優點和長處各方面並不輸人，特別強調自己的才能和成就。

如果你的分數是 11 分以下，說明你對自己顯然不太有信心。你過於謙虛和自我壓抑，因此經常受人支配。從現在起，儘量不要去想自己的弱點，多往好的一面去衡量；先學會看重自己，別人才會真正看重你。

第八章 領導能力測試

　　領導者應具備領導和管理能力，正如一位成功企業的 CEO 所說：「你要想成為領導者，你就應像牧羊犬一樣能幹。」良好的親和力，較強的識人、管人、用人能力，優秀的決策力，都是成功企業要求領導者具備的基本能力。你是否具備這些能力，在很大程度上決定了你未來職場的開拓。

▌1. 領導能力自測自查

　　這是歐洲流行的自測題，受到沃爾瑪、百事公司、寶潔公司等世界眾多知名企業的青睞，作為員工和在職領導者領導能力自測的標準試題，測試共分兩個部分，如果一切準備就緒，請開始答題。

第一部分

　　本測試用於測量你是否適合做一名領導者，測試由一系列陳述句組成，請根據自己的實際狀況選擇最符合自己特徵的描述。測試沒有速度上的要求，但請在 5 分鐘內完成。

　　答案標準如下：

　　A. 非常符合　　　B. 有點符合　　　C. 無法確定

　　D. 不太符合　　　E. 很不符合

1. 我不認為自己具有說服他人的能力。	A	B	C	D	E
2. 為了避免衝突，我會在自己有理的情況下，也不願發表意見。	A	B	C	D	E
3. 我經常向別人說抱歉。	A	B	C	D	E
4. 我對反應慢的人沒有耐心。	A	B	C	D	E
5. 在做事前充滿自信，但面臨不斷出現的問題我常會半途而廢。	A	B	C	D	E
6. 如果有人嘲笑過我的穿著，我還會繼續保持這樣的穿著。	A	B	C	D	E
7. 有同事或朋友升職加薪時，我常不經意間產生嫉妒心理。	A	B	C	D	E
8. 我常說「我發誓」之類的話語。	A	B	C	D	E
9. 我習慣袒露自己的想法，而沒有太多地考慮後果。	A	B	C	D	E

第八章　領導能力測試

10. 雖沒有充分的證據證明我的觀點，但為了面子，我常堅持到底。	A	B	C	D	E
11. 我不認為自己的專業知識很全面。	A	B	C	D	E
12. 為了眼前利益，我寧願放棄長遠的目標。	A	B	C	D	E
13. 我不認為自己的組織能力很強。	A	B	C	D	E
14. 為了朋友，我甚至願意做違背原則的事情。	A	B	C	D	E
15. 近兩個月來，我至少有一次失信於人。	A	B	C	D	E
16. 我不喜歡標新立異。	A	B	C	D	E
17. 我是一個無法忍受別人對我傷害的人。	A	B	C	D	E
18. 我喜歡與別人爭論一些問題。	A	B	C	D	E
19. 在作重要決定時，我希望有其他人能替代自己作決定。	A	B	C	D	E
20. 我喜歡將錢投資在生意上，而不是投資在自我成長上。	A	B	C	D	E

第二部分

　　下列各題是美國著名的管理專家詹姆斯·哈伯雷為某成功企業提供的領導能力自測試題，旨在幫助測試者瞭解自己是否是一個合格的領導者，請如實回答下列各題，將答案填寫在右邊橫線處。

答案標準如下：

　　A. 經常　　　　B. 較多　　　　C. 有時　　　　D. 很少　　　　E. 從未

一、工作取向

　　1. 對下級清楚地表述自己的態度。＿＿＿＿＿

　　2. 能實施自己的新方案。＿＿＿＿＿

　　3. 管理下屬寬、嚴結合。＿＿＿＿＿

　　4. 批評表現不好的下級。＿＿＿＿＿

　　5. 以不容他人質問的口氣講話。＿＿＿＿＿

　　6. 分配下級做規定的工作。＿＿＿＿＿

7. 堅持一定作業標準。_____

8. 做事有一定計劃性。_____

9. 強調一定要在限期內完成工作。_____

10. 規定工作程式。_____

11. 要弄清楚是否所有的下級都瞭解其在團體中的地位。_____

12. 要求下級遵照標準化的規則和法令。_____

13. 讓下級知道自己對他們的要求是什麼。_____

14. 關心和注意下級是否充分發揮其能力。_____

15. 注意下級工作是否協調。_____

二、人情取向

1. 給下級以私人的幫助。_____

2. 做一些使下級感到愉快的小事情。_____

3. 使下級瞭解自己。_____

4. 聽取下級的意見。_____

5. 信守承諾。_____

6. 關心下級的福利。_____

7. 給下級在錯誤中學習的機會。_____

8. 積極參加下級的集體活動。_____

9. 緩慢地接受新的方案。_____

10. 以平等態度對待每一個下級人員。_____

11. 願意對現狀有所改變。_____

12. 平易近人。_____

13. 與下級談話時，能使他們覺得輕鬆自然。_____

14. 對下級提出的好意見付諸實施。_____

15. 在推行重要事項之前，先取得下級的贊同。_____

計分評估：

第一部分

　　請參照以下答案，對自己的選擇進行計分，計分方法很簡單，分別地計算在你答案中：

選擇 A 的數目 _____(A)　　　　　選擇 B 的數目 _____(B)

選擇 C 的數目 _____(C)　　　　　選擇 D 的數目 _____(D)

選擇 E 的數目 _____(E)

　　然後照下面的公式計算出原始分數：_____(R)

$R = E \times 5 + D \times 4 + C \times 3 + B \times 2 + A$

　　最後，請按照下表所列的規則，根據你的原始分數 (R)，找出相應的排名值 (P)。

領導能力常模對照表

R	P(%)	R	P(%)	R	P(%)	R	P(%)	R	P(%)	R	P(%)
20	0	35	4	50	16	65	42	80	72	95	91
21	1	36	4	51	17	66	44	81	74	96	92
22	1	37	5	52	19	67	46	82	75	97	93
23	1	38	5	53	20	68	48	83	77	98	94
24	1	39	6	54	21	69	50	84	79	99	94
25	1	40	6	55	23	70	52	85	80	100	95
26	1	41	7	56	25	71	54	86	81		
27	1	42	8	57	26	72	56	87	83		
28	2	43	9	58	28	73	58	88	84		
29	2	44	9	59	30	74	60	89	85		
30	2	45	10	60	32	75	63	90	87		
31	2	46	11	61	34	76	64	91	88		
32	3	47	12	62	36	77	66	92	89		
33	3	48	13	63	37	78	68	93	90		
34	3	49	15	64	40	79	70	94	91		

第二部分

上述各題，每選擇一個「A」得 5 分，選「B」得 4 分，選「C」得 3 分，選「D」得 2 分，選「E」得 1 分。工作取向得分加起來為 X，X 計 _____ 分。人情取向得分加起來為 Y，Y 計 _____。

專家提示

美國最卓越的企業家之一、拯救瀕危企業起死回生的高手李·艾柯卡曾斷言：「美國如果有 50 個真正的企業家，美國的經濟就可以振興。」問其原因，他將原因歸結於現在的領導者大多缺乏領導能力，他用一個比喻說明：「一支由狼率領的羊群部隊，能打敗由羊率領的狼群部隊。」

經過上述測試，你對自己的領導能力能有一個大致的瞭解：

第一部分測試

如果你的得分在 69 分以上，即你的排名值在 50 以上，說明你具備成為一名領導者的潛力，你擁有一些優秀領導者的個性特徵：說服力，耐心，風度，可塑性，接納，仁慈，心胸廣闊，溫和，一致性，正直等等。反之，則說明你現在不適合成為一名領導者，因為你不具備成為領導的素質，但也不必氣餒，你可以透過努力，不斷地強化自己。

第二部分測試

這個測試從兩個方面：一是工作取向，一是人情取向，來測量你的領導能力。如果你的得分情況是：

X 大於 38 分，Y 大於 38 分：這是對人、對組織都比較關心的主管類型。這種組合的效果最好，通常你既能將生產按計劃做好，又能得到員工的愛戴。

X 大於 38 分，Y 小於 38 分：你在領導過程中通常只關心組織中的生產與技術，而不太關心員工的思想與生活。也許產能提升搞上去，但通常員工會對你存在許多埋怨。

X 小於 38 分，Y 大於 38 分：你更關心人，與員工之間存在著濃厚的感情，而不太注重對生產的管理，如果組織較小的話，組織中的產能可以提升上去，但當組織過大時，你的這種領導行為方式往往會遇到一定的困難。

X 小於 38 分，Y 小於 38 分：你既不關心組織，也不關心員工，生產計劃做不好，員工對你還存在相當的不滿，這是組合效果最差的一種領導行為方式。

2. 親和力測試

領導者應能保持與員工良好的關係，與員工建立一種相互信任、溝通順暢的工作氛圍。領導者不但要關心組織內部的具體工作，而且應將員工視為主角、合作者，與員工形成魚水之情。

換句話說，你要想成為領導者必須具備親和力，你要善於與員工打成一片，真正融入到員工之中去。親和力是領導者必須具備的能力之一，親和力是成功企業對領導管理者素質的最基本要求。

測後講評：

本測試測量你是否具有親和力，共 10 題，請根據你的第一印象，選擇出最符合自己標準的答案，將答案填寫在題後的括弧內。

開始測試：

1. 如果你是位經理，你的下屬大衛生病請假了，你會怎麼做呢？（　）

　　A. 利用業餘時間去照顧他，希望他早日康復；

　　B. 打個電話問候一下；

　　C. 一聽說他生病了就去看他。

2. 你希望一位固執的同事按你的建議去做，應怎麼辦？（　）

　　A. 儘量使他認識到建議至少有一部分出自他的頭腦；

　　B. 儘量找出他建議中的問題讓他主動放棄；

　　C. 說出自己建議的優點讓他接受。

3. 你是經理，一位下屬向你獻上有關提高效率的建議，他的建議是你過去已想過並打算實施的，那麼，下面哪種方法較好？（　）

　　A. 告訴他你真實的想法，但也對他給予充分的肯定；

　　B. 閉口不提你以前的想法，只讚揚他的合作精神；

　　C. 告訴他這是自己早就想到的，並且正準備實施。

4. 近期工作很多，你的下屬卻在此時提出請假，而且是因為私人的事情（對他來說很重要），你會怎麼做呢？（　）

　　A. 由於太忙，不予批準；

　　B. 告訴他你很想幫助他，但現在實在是太忙了；

　　C. 給他一定的時間，讓他安心處理好事情，並盡可能給予幫助。

5. 你是經理，你的下屬在工作中犯了錯誤，而且錯誤給公司帶來了很大的損失，公司上層準備嚴肅處理，此時，你會怎麼辦？（　）

　　A. 讓下屬認識事情的嚴重性，讓他作自我檢討；

　　B. 安慰犯錯的下屬，告訴他誰都可能犯錯；

　　C. 與下屬一起思過，主動地與下屬一起承擔責任。

6. 假如你是剛上任的部門經理，你會怎樣處理與下屬關係？（　）

　　A. 公是公、私是私，不與下屬有過多私人交往；

　　B. 新官上任三把火，對下屬嚴格要求樹立自己的威信；

　　C. 主動與下屬交朋友，參加團體活動。

7. 作為經理，在推行重要事項之前，你認為？（　）

　　A. 先取得下屬贊同；

　　B. 自己要有魄力決定一切；

　　C. 應該由下屬決定一切。

8. 關於對下屬進行讚揚或批評，你的看法是？（　）

　　A. 對犯錯的下屬要嚴厲批評，以免重蹈覆轍；

　　B. 經常讚美下屬，使他們積極地工作；

C. 慎用讚美，以免下屬過於驕傲自滿。

9. 你對於下屬的看法是？（　）

A. 對能力較差的下屬應多監督；

B. 應親近能力較強的下屬；

C. 應以平等的態度對待每一名下屬。

10. 假設你是鞋店老闆，有位女士常來你店中買鞋，由於她右足略大於左足，老是找不到她能穿的鞋，你覺得應該如何解釋，你將如何措辭？（　）

A. 「女士，你的右腳比左腳大。」

B. 「女士，你的左腳比右腳小。」

C. 「女士，你的兩隻腳不一樣大。」

參考答案及計分評估：

1.B	2.A	3.A	4.C	5.C
6.C	7.A	8.B	9.C	10.B

你一共答對了　　題。

專家提示

　　經過以上測試，如果你答對了8題以上，說明你具有較強的親和力，如果你成為了領導者，你會注意與下屬交往時的話語，你關心下屬、勇於承擔責任，你會與員工之間存在濃厚的友情，在你的領導下團隊內部氣氛和諧，可以說，你會是一位受下屬愛戴、景仰、平易近人的主管。

　　如果你答對了6～8題，說明你的親和力一般，你也許能成為領導者，可你不會是一個優秀的領導者，但也不必氣餒，在工作中你應與同事打成一片，建立與他們之間深厚的友誼。具有深厚的友誼，誰又能說你不具備親和力呢？

　　如果你答對了6題以下，說明你的親和力較差，你缺乏領導者的素質，你現在不應做成為領導者的美夢，應該在生活中、工作中多多培養自己的親和力，與人為善、平易近人，都應是你的座佑銘。

3. 你具備識人的能力嗎？

一個優秀的領導者，必須做到「慧眼識英才」。領導者只有具備識人的能力，才能用自己卓越的眼光，為團隊發掘優秀的人才，使他們為團隊注入新鮮的血液，在團隊中充分發揮自己獨特的價值和作用。

測後講評：

本測試測量你是否具備優秀領導者識人的能力，共 10 題，請根據不同的情況選擇你認為最合適的答案，將答案填寫在題後橫線處。

開始測試：

1. 假設你是一家族餐館的業主，你正在物色一位新的經理。你接見的第一位洽談人 20 多年來經營過各種不同類型的餐館。在她向你遞交了履歷，你與她進行了一些例行的寒暄後，談到的第一件事是：_____

　　A.「你為什麼不向我從頭到尾介紹一下你的履歷，並告訴我，你在過去的每個職務中具體擔任什麼職責呢？」

　　B.「我們暫時把你的履歷放在一邊，你可以告訴我一些關於你頭一回工作的經歷嗎？」

　　C.「在我們對你進行資格考察之前，你對要洽談的職務有什麼問題嗎？」

2. 在進行一次初次錄用談話時，談話人和應聘者座次安排最好的是：_____

　　A. 在一間辦公室或會議室裡，椅子相互挨著，或面對面 (中間不用桌子隔開)，營造一種輕鬆的、非正式的氛圍；

　　B. 在一間辦公室或會議室裡，面對面坐 (中間用桌子隔開)，營造一種正式的、公事公辦的氛圍；

　　C. 外出到一個隨意的場所，共進午餐或晚餐。

3. 在進行首次聘用談話時，聽和說的時間比例是：_____

　　A. 說比聽多；

　　B. 聽比說多；

　　C. 聽說時間大致相等。

第八章　領導能力測試

4. 在進行聘用談話時，搜集許多不同候選人的資訊，最有效的形式是：_____

　　A. 運用非常固定的形式，預先擬定一份核心問題清單，對每個申請者都提問這些問題；

　　B. 運用非常寬鬆的形式，允許每個申請人都講出他最重要的業績；

　　C. 運用一種盤根問底的形式，對每個申請人的過去進行深入地瞭解。

5. 以管理的角度看，一個新雇的辦公室辦事員最理想的品質是：_____

　　A. 熱切地就工作的各個方面提出問題；

　　B. 勝任所分派的工作任務的能力；

　　C. 為一個適當的理由把其他人組織起來的能力。

6. 對於一位秘書來說，下面哪種品質是你最想要的：_____

　　A. 正直；

　　B. 自尊；

　　C. 幽默感；

　　D. 準確。

7. 當你挑選一個雇員擔任一項管理職務時，你應該對申請人的下列哪項條件給予最大重視：_____

　　A. 智力和所受正規教育；

　　B. 完成將要被其管理的工作的能力；

　　C. 對於這項工作的瞭解以及擔任領導者的潛力；

　　D. 對於公司的忠誠。

8. 你的公司招募一名銷售主管，你認為下列四位中哪一位最不適合：_____

　　A. 麥克樂於承擔責任；

　　B. 吉姆智力上比其他三位優秀；

　　C. 大衛有教導和激勵他人的能力；

　　D. 依萬常常喜怒無常，為的是使銷售人員保持警覺和注意。

9.你是某大型企業的經理，在招考幹部時，有4人經過層層篩選來到了你這裡，你問了這樣一問題：「當本企業與國家利益發生了衝突，你該如何處理？」4人回答如下，根據他們的回答，你認為誰是你要選擇的物件：_____

　　A.依萬：「應為企業利益著想。」

　　B.道姆：「應為國家利益著想。」

　　C.湯姆：「對於國家利益和企業利益不能兼顧的事，企業絕不染指。」

　　D.瑪琳：「徵求員工意見，讓廣大員工決定一切。」

10.你是一個跨國企業總裁，現有如下四個部門負責人，如果你必須從這四人中晉升一位，你會選擇：_____

　　A.蘇克，威信不是很高，但他有原則，對公司很忠誠；

　　B.海曼，很討主管喜歡，但他卻與下屬氣氛緊張；

　　C.約翰，能力較強，但他代理出納時未經批准，私自借款五千元，到現在還是呆帳；

　　D.比爾，是四平八穩的人，心眼不壞，也有工作能力，但比較安於現狀。

參考答案：

1.B	2.A	3.B	4.C	5.B
6.D	7.C	8.D	9.C	10.A

專家提示

上述10題是成功企業惠普公司對員工是否具有領導識人能力的測試題。主要測試的是識人方法和能力，經過測試，在很大程度上反映出了你是否具備識人能力：

如果你答對了9題或10題，說明你具備一定的識人能力，你懂得一些識人的技巧，你更懂得「合適的人放在合適的職位上是一件有益的事情」，而且你具備一定的職位分配能力。基於此惠普公司告訴你，你很值得培養，有很大的上升空間。

如果你答對了6～8題，不可否認你同樣具備一定的識人能力，不過在識人方面你存在著一些疑惑，你可能不知道什麼樣的方法能讓你招募到合適的員工，你也

可能不善於將合適的人放在最合適的工作職位上，對於此惠普公司告訴你，你的識人能力有待提高，你暫時不在培養的範圍之內。

如果你答對了 0 ～ 5 題，說明你比前面兩者識人能力要差，在識人方面你很可能有很大缺陷。惠普公司告訴你，還是安心做自己的事情，但也不必氣餒，多學習一些這方面的知識，你仍會有大的提高。

▌4. 你擁有管人的藝術嗎

管人能力是領導者不可缺少的能力，美國著名的企業管理專家詹姆斯·哈伯雷曾說：「管人之法，以服眾為本。」領導者若要服眾，就要有高人一等的素質，令人信服的手段，嚴格管理的制度和不可動搖的原則。

可以說，管人是一種能力，更是一種藝術，是領導者不可缺少的素質之一，也是成功企業要求領導管理者必備的能力之一。

測後講評：

本測試測量你是否具備優秀領導者管人的能力，共 10 題，請根據不同的場景，選擇你認為最合適的答案，將答案填寫在題後橫線處。

開始測試：

1. 假設你是某公司海外行銷部經理，你從國內帶去的一位下屬的薪資是你從本地招募的最優秀的員工工資的兩倍，你的員工對此很有意見，找你予以解決，你會：＿＿＿＿＿

　　　　A. 從其他方面予以補償；

　　　　B. 給他講解公司政策；

　　　　C. 精神上予以鼓勵。

2. 當你的一個下屬在工作表現中呈現出消極變化時 (例如注意力不集中、悲觀、懶散、優柔寡斷、指責別人、疲乏等等)，最好是：＿＿＿＿＿

　　　　A. 你一看到微小的變化，就與他討論這個情況；

　　　　B. 一發生特別的事件，就儘快地討論這個情況；

C. 等到發生了不止一個特別事件，或從其他同事那裡得到確認，印證了你的判斷，再與你的下屬討論這個情況。

3. 你的一位下屬與另一位下屬之間有嚴重的矛盾，他找到你那裡，你要做的第一件事是：_____

A. 把他們都叫來討論他們的衝突；

B. 不管他們，讓他們自己解決問題；

C. 分別與每個人單獨談論，做出你對衝突的評估。

4. 你是當地一個大商廈的一家服裝店經理，一天，店裡只有你和另外一名雇員。你注意到顧客盈門，而你的這位下屬卻只管在後面整理陳列品。為了糾正她的做法，你走過去對你的下屬說：_____

A. 「我們店裡顧客擠得水泄不通的，為什麼你卻還在後面消磨時間？我們在這裡的首要任務是為顧客服務，而不是整理陳列品。從現在起，如果有什麼事妨礙你服務顧客，立即向我報告。」

B. 「誰讓你到這後面整理陳列品的？是那些買主嗎？如果他們認為陳列品很亂的話，讓他們自己整理好了。」

C. 「你能待會兒再整理這些陳列品嗎？現在我們店裡擠滿了顧客。等這個高峰期稍稍過後，再請示我關於陳列品的事。」

5. 你的一個下屬湯姆到你那裡說：「約翰實在是把工作弄得一團糟，他在過去的兩天裡將 3 個訂單搞砸了。如果不立刻對他採取措施，我們會失去更多合約。」你的回答是：「我知道了。」湯姆生氣地答道：「這話我以前就聽過了。你到底管還是不管？」你說：_____

A. 「我知道你在生約翰的氣。我一做完這裡的事，我就找他談談，處理你剛告訴我的問題。」

B. 「我知道你在生約翰的氣。你的任務是處理訂單，告訴我你可能遇到的任何問題。你已經這樣做了。現在它成了我的問題。讓我來處理我的工作，你做你的，好嗎？」

第八章　領導能力測試

　　C.「聽著，湯姆，這是我的問題，我認為合適的時候會處理它的。我有自己的想法，到了合適的時機，我就會去做。而且坦率地說，我不喜歡按任何人的時間表行事，也不喜歡受誰的約束。」

　　6. 你的一位下屬鮑伯到你那兒抱怨他的同事薩莉，但是，他抱怨完後，希望你不要再提起此事，或者做出什麼舉動。你的反應是：_____

　　A.「鮑伯，你如果和薩莉之間存在問題，而這一問題可能會影響到顧客的服務，那麼，你要求我不做出什麼舉動，無疑將我置於一個尷尬的境地。很抱歉，但我不得不向你們每個人單獨調查此事。」

　　B.「鮑伯，如果那就是你想要的，那好吧。我不會採取任何舉動，但我要提醒你，對於此事我有自己的想法，我不會根據一面之辭損壞薩莉的聲響，對你也一樣。」

　　C.「好吧，鮑伯，如果你和薩莉有這個問題，恐怕我得把你們兩個叫到一起討論討論。我不能讓我的兩個下屬反目成仇，老死不相往來。」

　　7. 你要對你的下屬托尼進行評估談話，為了確保他認真對待你給他的改進建議，並切實引起他的高度重視，最有效的方法是：_____

　　A. 你自己對他的表現填寫一份評估表；

　　B. 讓托尼對自己的表現填寫一份評估表；

　　C. 你和托尼都對他的表現填寫一份評估表。

　　8. 當你把兩個或更多的下屬召集到一起討論一個衝突時，你怎樣做最有效：_____

　　A. 控制討論，從每一位參加者那裡捕捉每一個具體的資訊；

　　B. 詢問一些問題，從每個與會者那裡搜集資訊，但讓他們彼此之間展開討論；

　　C. 不介入太多──只保證會議沒有離題太遠，失去控制。

　　9. 當你必須訓斥一名員工時，你應當怎麼做：_____

　　A. 私下訓斥；

　　B. 只寫在正式的公司信箋上；

　　C. 在喝咖啡的休息時間訓斥；

D. 先道歉，後訓斥。

10. 你是一個業務經理，你有九個辦事員，其中一個辦事員愛麗絲有抱怨。她抱怨的是和所有別的辦事員相比，她的同事鮑伯的工作輕鬆得多，委派給他的任務也簡單得多。你認為下列哪項行動最恰當：＿＿＿＿＿

A. 給你的九個辦事員安排一次會議討論這個問題；

B. 探究愛麗絲抱怨的根據；

C. 禮貌地解釋說鮑伯的工作負擔不關她的事；

D. 減輕愛麗絲的工作負擔並分一些給鮑伯。

參考答案及計分評估：

1.B	2.B	3.C	4.C	5.B
6.A	7.C	8.B	9.A	10.B

對照上述答案，每答對一題記 1 分，計算你的總得分 ＿＿＿＿＿ 分。

專家提示

成功企業對員工是很挑剔的，對領導者更是如此。成功企業一致認為：不具備管人能力的人成為領導者，那是一種錯位，這種錯位至少在成功企業中是不應該出現的。

至於你的管人能力怎樣，從你的測試結果可以有一個大致的反映：

得分為 9～10 分，說明你的管人能力比較優秀。你不是靠不容分說的高壓手段來解決問題，而是善於以理服人、用高超的技巧來使目的得以實現。應該恭喜你，你有資格成為一個團體的領導者、管理者；

得分在 6～8 分，說明你的管人能力一般。平常情況下，你能夠以合理適當的方式使別人接受你的意見，按你的意圖去做事。但若是情況特殊，你往往會情緒化，這是管理的大忌之一。這說明你的管理能力有待提高，否則你將很有可能與主管職位失之交臂。

得分在 0～5 分，說明你的管人能力較「拙劣」，你不瞭解管人需要的技巧，對人的觀察、研究也不夠。在你看來管理只是工作，而不是什麼藝術。你與主管職位無緣，你更適合從事那些具體的專案工作。

5. 用人能力測試

領導者除了要具備識人、管人的能力外，還要擁有用人的能力。

可以說，擁有任何一種學問，只能利用少量的資源；而學會用人，卻可以利用萬物、甚至掌握這個世界。

而你是否具備用人的能力呢？以下測試將告訴你答案。

測後講評：

本測試測量你是否具備優秀領導者的用人能力，共 10 題，請根據不同的情況，選擇你認為最合適的答案，將答案填寫在題後的橫線處。

開始測試：

1. 你是個從普通員工提升起來的經理，你工作繁忙，同時你的部門有一系列複雜的日常事務，你知道自己比手下任何人都更勝任這些事務，那麼，你會：＿＿＿＿＿

    A. 還是由自己做最妥當；

    B. 把這些事務派給幾個下屬去做；

    C. 自己做一部分，讓下屬做一部分。

2. 一個高階部門主管授權給一個低階部門主管的首要原因是：＿＿＿＿＿

    A. 使高階主管有時間和經歷去做更重要的工作；

    B. 給這個低階主管提供一個晉升的機會；

    C. 看看這個低階主管能不能找到新的或更好的完成任務的方法。

3. 作為一個超市經理，你應當給新雇員米琪指派怎樣的工作任務：＿＿＿＿＿

    A. 最廣泛地面向超市各個方面的工作；

    B. 儘量與大家在一起，以確保多方面地學習；

C. 這項工作提供取得具體成果的機會。

4. 希望激勵員工應當採取獎賞而不是懲罰的方法，主要原因是：_____

    A. 沒有人喜歡受到懲罰；

    B. 獎賞常常使人熱切地參與合作；

    C. 懲罰對於長期行為常常沒有太大效果；

    D. 懲罰從來不能嚴厲到足以產生太大作用的程度。

5. 瑪麗是一個沒有經驗的、剛開始工作的會計，你認為應該給她安排什麼工作：_____

    A. 準備財務比較報告；

    B. 闡釋財務報告；

    C. 核對、檢查小額現金單據；

    D. 不安排任何工作，先學習。

6. 一個部門經理應當意識到通常最好不要：_____

    A. 給直接下屬分派特定而明確的職責；

    B. 授權給所有職責已經分派好的部門；

    C. 使一個下屬對一個以上的主管負責；

    D. 檢查所分派任務的進展情況。

7. 在進行大規模的變革時，如果有一批人不願意參與進來，你最好的行動方針是：_____

    A. 盡力讓他們都參與，否則，他們會使你的進程脫離軌道；

    B. 把他們和那些在變革中充當先鋒的人隔離開來，儘量將他們清除出現在的機構；

    C. 給他們提供參與的機會，但不要花太大力氣，把精力集中在態度積極的人身上。

你在一家大型傢俱公司生產部門，剛被任命為一個新組建的四人改造成專案負責人，你有 6 個月的時間去完成某項具體的任務。這個工作並非不可能完成的任務，

第八章　領導能力測試

但它要求採取迅速和果斷的行動。3個人被分配到你的組裡，他們有的態度熱情，有的卻漠不關心。儘管你的主管已告訴過你，如果需要，你可以將某人調離團隊，但是你作為專案負責人的頭一件工作，是同每一個人交談，激發他們的積極性，以達到團隊的目標。

8. 你談話的第一個物件是安，她對這個項目表現得非常興奮，並盼望著馬上開始工作。她在公司裡升職得很快，並把這個項目視為進一步證明其奮發向上的途徑。當你問她對你緊迫的限期有何感想時，她說：「我想我們能做得到，但大家必須齊心協力，同舟共濟。我知道自己已做好準備，也真的盼望著有機會做出一些有益的貢獻。」你對此做出反應，說：＿＿＿＿＿

　　A.「謝謝你的投入。在一個專案中，有這樣的熱情參與總是好的。但是，請記住，在這一點上，我們所有人都得作為團隊的一員進行團結協作。我們必須警惕個人出風頭的誘惑。」

　　B.「謝謝你的投入。我將在本周的某個時候告訴你，你將擔任什麼樣的角色。」

　　C.「謝謝你的投入。在一個專案中，有這樣的熱情參與總是好的。我期望著在未來的工作中你將發揮一份重要的作用。」

9. 你會見的第二個人是鮑伯。他對項目表現出適度的熱情，但似乎對時限有些擔心。他一直是一位辦事可靠、值得信賴的人，但他從不是一顆耀眼的星星或是一個真正的冒險家。當你問他對緊迫的限期有何感想時，他說：「我的確喜歡這一任務，但我擔心我們可能沒有足夠的時間做好它。我也沒有把握我們是否有所需的資源可供利用。但是，你知道，安似乎確實有一手的。」你對此做出反應，說：＿＿＿＿＿

　　A.「哦，這是一個值得注意的擔憂，但我認為你實在沒有這個擔心的必要。我們的一切都置於控制之下，我深信我們團隊將會做得很好，會有更大的發展。我知道安和我想的一樣。你何不在我們召開首次全體會議之前，與她談談並瞭解她對這些問題的反應呢？」

　　B.「我理解你的擔憂，但我很高興你喜歡這個任務。我打賭，如果你和安作為團隊的核心一起協同工作，我們會如願以償地做好的。」

C.「感謝你的分析和投入。不幸的是，我們大家都被這個最後限期和資源問題困住了。我希望我能夠做點什麼來解決它，但你知道，那些高高在上的傢伙只給我們他們認為必要的東西，而不是真正必要的東西。」

10. 你會見的第三個人是拉爾夫，他是一個把「事不關己，高高掛起」奉為生活準則的人，他的習慣動作是聳肩膀，他的口頭禪是：「誰知道，誰在乎」。他總體上對專案真的漠不關心，看起來也不想為它付出任何精力。當你詢問他對你們大家都面臨的緊迫限期有何感想時，他說：「呵，我不知道，……我吃不准。它不是一個我覺得可能在這樣短的時間內可能完成的項目。」你回答：_____

A.「我能理解你的擔心。你與鮑伯和安一道工作，他們都非常樂觀，我想我們該與團隊一起弄清楚我們的擔心，並準備一個行動方案。我們需要非常緊密地一起工作，利用我們團隊的潛在優勢，達到這一目標。在這裡，它當然對我們大家都是重要的。」

B.「我能理解你的擔心。你為什麼不去見見鮑伯和安，讓他們給你解釋解釋？告訴他們你的擔心，讓他們做出反應。他們確實準備採取行動，會給你指出正確的方向。」

C.「我對知道你更多的保留感興趣。你為什麼不將你特別的事情一件件地說給我聽，我們可以看看哪一件是重點？」

參考答案：

1.B	2.A	3.C	4.B	5.C
6.C	7.C	8.C	9.B	10.A

將你選擇的答案與標準答案相對照，每答對一題，得 1 分，總計為　　分。

專家提示

管理專家西蒙將領導者用人能力視為領導者素質最重要的參考標準之一。上述 10 題，會讓你對自己的用人能力有一定的瞭解：

如果你的得分為 9 ～ 10 分，說明你具備較強的用人能力，如果你是領導者，你能知人善任，能充分授權，能把握好用人的尺度，同時也能處理好所用者在工作中出現的一些具體問題。告訴你，你具備領導者的素質，你應該為此而高興。

如果你的得分在 6 ～ 8 分，說明你具備一定的用人能力，不過你還不具備優秀領導者用人的素質，要想使自己未來職場開拓的前景更加廣闊，你要努力提高自己的用人能力，有備而無患，這將更有利於你未來的發展。

如果你的得分在 0 ～ 5 分，你的用人能力較差，除非你不在職場中，否則，你只能是被用者，而不能成為用人者。因為，你不具備優秀領導者的用人能力。其實作為被用者也是有好處的，因為，全是將軍沒有士兵是不可能的，而且你在團隊中可以向優秀的領導者多多學習，在生活中多多提高自己的素質。「笨鳥先飛」，只要你肯努力，機會對誰都是公平的。

▋6. 你的決策力如何

對於一位領導者而言，要想做出一流的業績，取得非凡的成就，無疑需要具備多方面卓越的能力。但相比其他各項能力來說，決策力則是其中的重中之重。

為什麼這麼說呢？

其實道理很簡單：決策，是團隊管理的起始點，也是團隊興衰存亡的支撐點，更是領導者業績和團隊命運的關鍵點。

那麼，想成為領導者的你是否具有決策力呢？身為領導者的你又是否是一個優秀的領導者呢？做完下述測試你就會知道。

測後講評：

本測試測量你的決策力。回答下列問題，在能夠最準確地描繪你的行為、感受或態度的選項 A、B 或 C 上畫圈。要根據實際情況而不是理想的情況作答。要得到有效的結果，你必須絕對誠實！

開始測試：

1. 進行一項艱難的決策時，你熱情多高？

　A. 我作好了一切準備，無論結果是好是壞，我都可以接受。

　B. 如果是必須的，我會做，但我並不欣賞這一過程。

　C. 通常我都避免這種情況，我知道最終都會有結果的。

2. 你喜歡冒險嗎？

　　A. 我喜歡冒險，這是生活中的常事。

　　B. 我喜歡偶爾冒冒險，不過我需要時間考慮。

　　C. 不能肯定，如果沒有必要，為什麼要冒險呢？

3. 如果你的決定遭到了大家的反對，你的感受如何？

　　A. 我知道如何捍衛自己的觀點，而且通常我依然可以和他們做朋友。

　　B. 首先我會試圖維持大家之間的和平狀態，並希望他們能理解。

　　C. 這種情況下，我通常會聽別人的。

4. 讓自己符合別人的期望，對你來講有多重要？

　　A. 不是很重要，我首先要對自己負責。

　　B. 通常我會努力滿足他們，不過我有自己的底線。

　　C. 非常重要，我不能冒險失去他們的支持。

5. 你的分析能力如何？

　　A. 我喜歡通盤考慮，不喜歡在細節上多費功夫。

　　B. 我喜歡先作好計畫，然後根據計畫工作。

　　C. 認真考慮每件事，盡可能地延遲應答。

6. 你有多獨立？

　　A. 我不在乎一個人住，我喜歡自己作決定。

　　B. 我更喜歡和別人一起住，我樂於作出讓步。

　　C. 我的配偶作大部分的決定，我喜歡安全。

7. 你能迅速地作出決定嗎？

　　A. 我可以迅速地下定決心，而且不會後悔。

　　B. 我需要時間，不過我總會作出決定。

　　C. 我需要慢慢來。如果不行，我通常會把事情搞得一團糟。

8.別人認為你是一個樂觀的人嗎？

　　A.朋友叫我「啦啦隊隊長」，他們很依賴我。

　　B.我努力做到樂觀，不過有時候，我還是很悲觀。

　　C.我的角色通常是「惡魔鼓吹者」，我很現實。

9.如果出現什麼問題，你會？

　　A.立即道歉，並承擔責任。

　　B.找藉口，說是失控了。

　　C.責怪別人，說主意不是我出的。

10.你有多戀舊？

　　A.買了新衣服，就會捐出舊衣服。

　　B.舊衣服有感情價值，我會保留一部分。

　　C.我還有高中時代的衣服。我會保留一切。

計分評估：

根據下列標準算出你所得總分：

A = 10　　　　　　　B = 5　　　　　C = 1

總計 ＿＿＿＿＿ 分。

專家提示

美國著名管理學家西蒙曾經說過這樣一句名言：「管理就是決策。」

無獨有偶，號稱「現代企業管理之父」的杜拉克也說：「不論管理者做什麼，他都是通過決策進行的。」杜拉克甚至斷言：「管理始終是一個決策的過程。」

由此可見決策的重要性，而上述 10 題正是管理學家西蒙撰寫的，為的就是幫助你瞭解自己決策力的情況。

總分 100

很棒。完美的分數！你的決策方式對於你的職場開拓是一筆真正的財富。

總分 75 ～ 99

不錯。雖然你的分數不夠完美，但你仍算是個十分有效率的決策者。雖然有時你可能會遇到思想上的障礙，減緩你前進的步伐，但是你有足夠的精神力量繼續前進，並為你的生活帶來變化。不過，在前進的道路上要隨時警惕障礙的出現，充分發揮你的力量，這種力量會決定一切。

總分 50 ～ 74

一般。你有潛力成為一個好的決策者。不過你存在一些需要克服的缺點。你可能太希望取悅別人，或者你的分析性太強，也可能你過於依賴別人，有時還會因為恐懼而止步不前。要確定自己到底是哪些方面需要改進，你可以重新看題，把你的答案和選項 A 進行對照。選項 A 代表了一個有效的決策者所需要的技巧和行為。做一個表，列出改進你決策方式的辦法。

總分 25 ～ 49

中下。好吧，我們坦率點說，你的決策方式可能比較緩慢，而且會影響到你的職場開拓。你需要改進的地方可能是下列一個或幾個方面：太希望取悅別人，分析性過強，依賴別人，因為恐懼而退卻，因為障礙而放棄，害怕失敗，害怕冒險，無力對後果負責。測試中，選項 A 代表了一個有效的決策者所需要的技巧和行為。做一個表，列出改進你決策方式的辦法，並根據它採取行動。

總分 24 及以下

差。不僅僅是坦率不坦率的問題了。你現在的決策方式被你做「分析性癱瘓」。這種方式對你的職場開拓而言是一種障礙。你需要改進的地方可能有下列幾方面：太希望取悅別人，分析性過強，依賴別人，因為恐懼而退卻，因為障礙而放棄，害怕失敗，害怕冒險，無力對後果負責。測試中，選項 A 代表了一個有效的決策者所需要的技巧和行為。做一個表，列出改進你決策方式的辦法。考慮閱讀一些有關決策方式的書籍，諮詢專業顧問。你的決策方式可能對你生活和工作的各個方面都有明顯的負面影響。

第九章　合作能力測試

第九章　合作能力測試

第九章 合作能力測試

　　團結才有力量，只有與人合作，才能眾志成城，戰勝一切困難，產生巨大的前進動力。有了合作，才有了團隊偉大的業績，才有了個人輝煌的成就。成功企業沒有哪一個企業會無視合作，相反，它們更懂得合作的意義，將合作能力作為員工招募、員工培訓、人才識別、人才使用、業績考核的重要參考標準之一。

▌1. 合作能力自測自查

　　這是歐洲流行的測試題，也是成功企業對員工進行測試的黃金試版，共 33 題，請在 25 分鐘內完成，最大分值為 174 分。如果你已經準備就緒，請開始計時。

　　第 1 ～ 10 題：認真閱讀下列各題，在你認為最切合的答案下打「√」。

1. 你是否知道你的團隊成員一共有多少人？	是	否
2. 你是否明確地知道你在團隊中的角色？	是	否
3. 你是否瞭解隊友的工作習慣和風格？	是	否
4. 為了更有效地達成合作，你是否將你的工作習慣和風格主動表達出來，讓你的隊友們瞭解？	是	否
5. 你和團隊主管之間是否建立了經常性的穩定的溝通管道？	是	否
6. 對於團隊的規章制度，你是否熟悉？	是	否
7. 你對團隊的歷史是否瞭解？	是	否
8. 你是否知道在你的團隊中，完成任務經常採用何種運行方式？	是	否
9. 你是否知道你的團隊在運行時經常用到的輔助工具有哪些？	是	否
10. 你是否能簡潔、扼要地說出你的團隊的精神是什麼？	是	否

　　第 11 ～ 26 題：仔細閱讀下列各題，選擇最符合自己個性的描述，在所選擇的答案序號上打「√」。

　　答案標準如下：

A. 非常符合　　　　B. 有點符合　　　　C. 無法確定

D. 不太符合　　　　E. 很不符合

第九章　合作能力測試

11. 在團隊中與人交談我常用「我們」一詞。	A	B	C	D	E
12. 我不歧視團隊中的任何一員。	A	B	C	D	E
13. 我對團隊成員從不厚此薄彼。	A	B	C	D	E
14. 我行事以整體為重，不偏離共同主題。	A	B	C	D	E
15. 我不輕率而不假思索地表達自己的意見。	A	B	C	D	E
16. 我從來不無事瞎嚷嚷。	A	B	C	D	E
17. 我能聽取別人意見，並有選擇地參考。	A	B	C	D	E
18. 我相信合作的程度與績效成正比。	A	B	C	D	E
19. 團隊中我不公開自身利益所在。	A	B	C	D	E
20. 我與團隊成員的關係融洽。	A	B	C	D	E
21. 工作中遇到自己難以解決的困難，我會積極尋求其他團隊成員的幫助。	A	B	C	D	E
22. 主動地調和團隊成員的矛盾。	A	B	C	D	E
23. 我充分地信任自己的合作者。	A	B	C	D	E
24. 遇到分歧，允許保留個人意見，不氣、不怒，求同存異。	A	B	C	D	E
25. 共同合作但不談論別人的隱私。	A	B	C	D	E
26. 將合作者視為朋友，盡最大能力給予支持。	A	B	C	D	E

第 27 ～ 33 題，每題包括了幾個陳述，請根據自己的實際情況選擇最符合自己的陳述，在所選擇的答案序號上打「√」。

27. 當你與其他人共同承擔某一項任務時：	
（1）可以信賴我能把工作安排得井井有條。	
（2）我能捕捉到他人忽略的細節。	
（3）我會提出新穎的建議。	
（4）我能客觀地分析他人的觀點，既看到優點，也看到缺點。	
（5）我能敏銳地引導最新的思路並掌握動態。	
（6）我樂於組織小組活動。	
（7）我總是支持有助於解決問題的好建議。	
28. 透過工作獲得滿足感：	
（1）我喜歡對決策有強烈的影響力。	
（2）我適合於做需要高度注意力和高度投入的工作。	
（3）我很在意幫助同事解決問題。	
（4）我喜歡對各種可行的辦法做出關鍵性的分析。	
（5）我傾向於以創新的方式解決問題。	

（6）我善於協調不同的觀點。	
（7）我特別喜歡開發不同的觀點和技巧。	
29. 當團隊試圖解決一個特別複雜的問題時：	
（1）我密切關注可能產生困難的地方。	
（2）我的想法，不僅適於完成眼前的任務，而且也適於其他類似的情況。	
（3）我喜歡先充分衡量和評估所有的建議，然後再做抉擇。	
（4）我能協調和有效運用他人的能力和才幹。	
（5）無論壓力如何，我始終穩定從容，有條不紊。	
（6）我時常提出新的思路來解決長期存在的問題。	
（7）必要時，我會堅定地公佈自己的看法。	
30. 在日常工作中：	
（1）我關切自己的任務和目標，不讓其存在絲毫含糊之處。	
（2）會議上我總是勇於強調自己的觀點。	
（3）我能與各種類型的人共同工作。	
（4）我總能找到論據反駁不合理的提議。	
（5）當別人還只能看到零星的事項時，我總能看出事情的全貌。	
（6）繁忙令我有滿足感。	
（7）我樂於多瞭解別人。	
31. 突然被委派去做一件需要與不熟悉的人合作，並且需在短時間內完成的困難任務時：	
（1）在這樣的小組中，我常發現自己盡了最大的努力。	
（2）我發現我的處事技巧特別適合於與人達成一致。	
（3）我盡全力去建立一個有效的組織機構。	
（4）我能與不同素質和見解的人一起工作。	
（5）我覺得，如果為了讓自己的觀點成功地取得團隊的認可，而暫不受尊崇有時是值得的。	
（6）我常洞悉某些人專長於某些特別的工作。	
（7）我似乎對工作越來越有壓迫感。	
32. 突然被委派一項全新的任務時：	
（1）我能首先思考可行的想法，尋找突破口。	
（2）著手此項任務之前，我著重先把手頭的工作完成。	
（3）我能以細緻分析的態度來看待問題。	
（4）必要時，我能堅定地表明自己的立場，爭取他人參與。	
（5）在大多數情況下，我能持獨立和創新的看法。	
（6）如需付諸行動，我樂於率先而動。	
（7）我不願被委派一項目標不明確的工作。	

第九章　合作能力測試

33. 在通常情況下，對團隊的任務做出貢獻時：	
（1）如瞭解全面的情況，我自信有能力整理出具體的步驟。	
（2）我深思熟慮做出判斷，一般總是八九不離十。	
（3）就我的工作風格來說，廣泛的人際關係很重要。	
（4）我注意把工作的每個細節都做得正確。	
（5）在小組會議上，我會盡力發表意見。	
（6）我懂得新觀念和新技巧對於建立新關係的作用。	
（7）我能看到問題的兩面性，並能做出所有人都能接受的決定。	
（8）我與同事友好相處，並為團隊努力工作。	

計分評估：

第 1 ～ 10 題，每選擇一個「是」得 6 分，計 ＿＿＿＿ 分。

第 11 ～ 26 題，選擇 A 得 4 分，選擇 B 得 3 分，選擇 C 得 2 分，選擇 D 得 1 分，選擇 E 得 0 分。計 ＿＿＿＿ 分。

第 27 ～ 33 題，每選擇一個陳述句得 1 分，計 ＿＿＿＿ 分。

專家提示

個人的力量畢竟是有限的，在團隊中，人們不崇拜「個人英雄主義」，個人奮鬥的工作方式也並不適合當前的社會環境。可以說，單個人猶如沙粒，只有與人合作，才會起到意想不到的變化。一個人只有學會與人合作，掌握了這種能力，才能讓自己的事業不斷向前。以上測試，就是成功企業對員工合作能力測試的黃金試版。

如果你的得分在 150 分以上，那麼恭喜你，你具備非常強的合作能力，你非常具有團隊意識。你很主動地與人合作，別人也願意接近你。對你而言，成功並非難題，因為你善於「取人之長，補己之短」。但需要提醒的是，你要努力加強自身品質修養和自身技能的提高，因為這將決定你取得成就的大小。

如果你的得分在 135 ～ 149 分，你的合作能力一般。你也知道合作的重要性，但做起來，就不那麼輕鬆了。你應該注重加強自身合作能力的培養，要善於看別人的長處、學習別人的優點，與人合作你更要注意方式方法，要坦誠相見、不苛求，要做到合作有「親」有「疏」。

如果你的得分在 120 分以下，你的合作意識較差、合作能力薄弱，首先你要樹立「捨棄合作，難以做大人生局面」的觀念，努力學習交際的藝術，在具體的工作中，要注重合作能力的提高，相信不久的將來你會具有較強的合作能力。

▌2. 你是一個具有合作精神的人嗎

優秀人才有機結合在一起，就會相映成輝，相得益彰。如今許多團隊實行強強聯合，就是希望通過合作產生巨大的能量，達成雙贏的效果。現實生活中，有些人樂於助人、廣結善緣，產生了較強的親和力，工作起來得心應手、左右逢源。相反，有的人雖然自身素質不錯，優點、長處挺多，卻與同事關係緊張，在需要合作的事情上明顯發揮不了自己應有的作用。實踐證明，無法與他人和睦相處、坦誠合作，是一些人與成功無緣的原因之一。

測後講評：

1. 本測試由一系列陳述句組成，請根據自己的實際狀況，選擇最符合自己特徵的描述。

2. 測試沒有速度上的要求，但請在 5 分鐘內完成。

3. 答案標準如下：

A. 非常符合　　　　B. 基本符合　　　　C. 無法確定

D. 不太符合　　　　E. 很不符合

開始測試：

1. 我不喜歡別人干涉自己的工作。

2. 我不喜歡參加小組討論。

3. 與陌生人一起討論我會放不開。

4. 我喜歡在單獨一人的清靜環境中工作。

5. 我感到周圍人的關係不和諧。

6. 我覺得自己要比別人缺少夥伴。

7. 很少人可以讓我去真正信賴。

8. 我感到寂寞。

9. 我認為世態炎涼。

10. 我感到自己不屬於任何圈子中的一員。

11. 我與任何人都很難親密起來。

12. 我的興趣和想法與周圍人不一樣。

13. 我感到被人冷落。

14. 沒人很瞭解我。

15. 在小組討論時我感到緊張不安。

16. 我認為自己永遠不需要別人的說明。

17. 我感到與別人隔開了。

18. 我感到羞怯。

19. 我的好朋友很少。

20. 我只喜歡與同我談得攏的人接近。

答案填寫處：

1._____　　2._____　　3._____　　4._____　　5._____

6._____　　7._____　　8._____　　9._____　　10._____

11._____　　12._____　　13._____　　14._____　　15._____

16._____　　17._____　　18._____　　19._____　　20._____

計分評估：

請參照以下答案，對自己的選擇進行計分，計分方法很簡單，分別地計算在你的答案中：

選擇 A 的數目 _____(A)　　　　選擇 B 的數目 _____(B)

選擇 C 的數目 _____(C)　　　　選擇 D 的數目 _____(D)

選擇 E 的數目 _____(E)

然後按照下面的公式計算出原始分數：_____(R)

R=E×5+D×4+C×3+B×2+A

最後，請按照下表所列的規則，根據你的原始分數 (R)，找出相應的排名值 (P)。比如你的原始分數 (R) 是 73，那麼下表對應的 P 值就是 58。

合作精神常模對照表

R P(%)	R P(%)	R P(%)	R P(%)	R P(%)	R P(%)
20 0	35 1	50 11	65 38	80 73	95 94
21 0	36 2	51 12	66 40	81 75	96 95
22 0	37 2	52 14	67 42	82 77	97 95
23 0	38 2	53 14	68 45	83 79	98 96
24 0	39 3	54 16	69 48	84 81	99 96
25 0	40 3	55 17	70 50	85 83	100 97
26 0	41 4	56 19	71 52	86 84	
27 0	42 4	57 21	72 55	87 86	
28 0	43 5	58 23	73 58	88 86	
29 1	44 5	59 25	74 60	89 88	
30 1	45 6	60 27	75 62	90 89	
31 1	46 7	61 29	76 65	91 90	
32 1	47 7	62 31	77 67	92 92	
33 1	48 8	63 33	78 69	93 93	
34 1	49 10	64 35	79 71	94 93	

專家提示

對照上表找到自己的排名值，如果你的排名低於 50，甚至低於 40、30，那說明你的合作意識淡薄，你不具備良好的合作精神，同時也說明了你的合作能力較差，這是非常危險的訊號，你有必要轉變自己的觀念，增強自己的合作意識。

你現在需要的不是孤身一人的清靜，而是一種主動積極的態度，對於此，哈佛大學管理學教授懷特博士告訴你：

「你想尋找敵人，你就會找到敵人；你想尋找朋友，你就會找到朋友。不善於與人相處的人，到了那裡，都會認為別人難以相處；善於與人相處的人，見到任何人都會相處融洽。對於合作而言，也是一樣的道理，只有你勇於合作，有一種主動積極的態度，別人才願意接近你，才會喜歡你願意與你合作，共同發揮「合力」的作用，完成大的事業。」

█3. 包容力測試

　　合作的關鍵是要有容人之心。美國著名的心理學家威廉·詹姆士曾說：「如果你能夠使別人樂意與你合作，不論做什麼事情，你都會無往不勝，而這一前提必須是你具有寬廣的胸懷。」

　　合作是一種能力，更是一門藝術。惟有容人，才具備了良好合作的前提要件；而只有與人合作，才能獲得更大的力量，爭取更大的成功。

測後講評：

　　本測試用於測量人的包容力，請仔細閱讀下列各題，根據自己的真實情況，在題目下圈出相應的字母，每題只能選一個答案。

開始測試：

1. 如果你與同事由於一些問題產生了衝突，關係緊張起來，這時你將怎麼辦？

　　A. 他若不理我，我也決不討好他。他若主動前來招呼我，那麼我也表示和解；

　　B. 請第三者從中解釋，調解我們間的緊張關係；

　　C. 從此懷恨在心，並設法報復他；

　　D. 我將主動去接近對方，爭取達成諒解、化解矛盾。

2. 如果你被別人在某事上誤解你將怎麼？

　　A. 立刻查出出處並與人對質，指責他們；

　　B. 乾脆把事情加在對方身上，進行報復；

　　C. 置之一笑，不去理睬，讓時間來證明自己的清白；

　　D. 要求有關主管調查，以弄清事實真相。

3. 如果你的好朋友和你發生了嚴重的意見分歧，你將怎麼辦？

　　A. 暫時不談這個問題，以後再說，求同存異為重；

　　B. 請大家的熟人或第三者來裁決誰是誰非；

　　C. 為了友誼，附和對方，放棄自己的觀點；

　　D. 斷交。

4. 如果你對某一問題的恰當建議被主管否定了，你準備怎麼辦？

    A. 越級反映，爭取上級的上級支持自己；

    B. 消極怠工，以發洩自己的不滿；

    C. 一如既往地認真工作，另尋良機再向主管陳述自己的看法；

    D. 跟主管爭吵，準備調到其他單位去。

5. 如果你跟老婆在週末活動的安排上意見很不一致，你準備怎麼辦？

    A. 另尋雙方都能接受的安排；

    B. 一切都依老婆的主張；

    C. 與老婆爭論，迫使老婆同意自己的安排；

    D. 各度各的週末。

6. 在影劇院看電影時，你的鄰座旁若無人地講話，使你無法集中精力看電影，你怎麼辦？

    A. 盼望有人能出面向他們提意見或他們知趣停止；

    B. 直截了當地指責他們；

    C. 叫工作人員來制止他們；

    D. 有禮貌地請他們小聲點。

7. 你辛苦地完成了工作，自以為做得很不錯，不料主管很不滿意，你怎麼辦？

    A. 默默地聽主管埋怨，但心中感到十分委屈；

    B. 憤怒地拂袖而去，因為你覺得自己不應受埋怨；

    C. 解釋因客觀條件限制，自己已盡了最大努力；

    D. 留意聽取自己做得不夠的地方，並盡可能改正。

8. 週末，你忙了一整天，把房間全部打掃乾淨，你的老公下班回家後，卻指責你沒及時做晚飯，你會怎麼辦？

    A. 心裡很生氣，但仍忍著去做飯；

    B. 非常生氣，一動不動，一聲不吭；

    C. 向老公解釋，然後提議，乾脆去下館子；

D. 生氣地向老公解釋，然後等待他的道歉。

9. 假設今天是你的生日，你的朋友、親戚、家人準備在一起為你慶祝，希望你能請一天假，但由於工作很忙，而且處於關鍵時期，你會？

A. 會工作，還要會休息，就放自己一天假；

B. 工作半天，休息半天；

C. 與合作者商量，今天休息；

D. 為了工作，作自我犧牲。

10. 在工作之餘，你與合作者聊天，討論到一你最喜歡的明星，你的合作者對其大加批評，說了很多你不願聽的話，你會？

A. 顧全大局，轉移話題，只當沒聽見；

B. 很生氣，大加反駁；

C. 心中很生氣，但臉上仍堆滿微笑，讓他盡情地說下去。

D. 為了求同存異，極力附合，稱讚他說得對。

參考答案：

1.D	2.C	3.A	4.C	5.B
6.D	7.D	8.C	9.D	10.A

計分評估：

每答對 1 題記 1 分，計 _____ 分。

得分 10 分，說明你的包容力很強；

得分 8～9 分，說明你的包容力較強；

得分 6～7 分，說明你的包容力一般；

得分 0～5 分，說明你的包容力很差。

專家提示

合作的關鍵是要有容人之心。

正確評價自己，清醒地看到自己的不足與短處，才能產生與人合作、共同發展的強烈願望，充分發揮自己的潛能。如果用自己的長處比別人的短處，看不見自己的短處和別人的長處，就很難與人精誠合作。

在合作過程中，相互之間難免會有意見相左、磕磕碰碰的時候，也難免有差錯、有失誤，能不能相互寬容諒解，營造一個和諧寬鬆的合作氛圍，往往直接影響事業的成敗。

合作就要互相補位，尤其當合作夥伴的失誤讓共同的事業造成困難或損失的時候，應該給予充分理解與熱情鼓勵，開誠佈公地指出失誤，實事求是地分析原因，心平氣和地探討對策，以幫助合作夥伴儘快走出失誤的陰影，振奮精神。這樣才能儘快克服困難，儘量減少損失。有的人遇到困難或不順就一味埋怨指責合作夥伴，或者有了成績則貪人之功，結果是挫傷了別人的積極性，引起別人的反感，妨礙今後的合作，顯然不是明智之舉。

▌4. 你的溝通能力如何

合作離不開溝通，這裡所說的溝通不僅指一般情況下人與人之間的溝通，它是更高程度的要求，有人對此評價道：「會說，顯示了你的能力；會聽，則顯示了你的修養。」

美國著名的企業管理專家詹姆斯·哈伯雷對此說道：「你的溝通能力，在一定程度上說明了你合作能力的高低。溝通能力強的人，能與人合作自如，少有阻礙；反之，溝通能力差的人，則是人為地為合作設置了障礙。」

測後講評：

本測試由一系列陳述語句組成，請根據自己的實際情況，選擇最符合自己特徵的答案。

答案標準如下：

A. 非常符合　　　B. 有點符合　　　C. 無法確定

D. 不太符合　　　E. 很不符合

第九章　合作能力測試

開始測試：

1. 與人交流時，我會與對方保持適度的目光接觸。

2. 我在表達自己的情感時，很容易選擇準確恰當的詞彙。

3. 我認為自己的文字和口頭表達能力很強。

4. 我能自如地用非口語（眼神、手勢等）表達感情。

5. 我善於讚美別人，把話說得親切自然。

6. 我善於和我觀念不同的人交流感情。

7. 我認為和陌生人溝通很容易。

8. 我有能力影響他人，讓他接受自己的觀點。

9. 與人交流時，我會注意到對方所表達的情感。

10. 我能觀察出與我交談的人言語和心理是否一致。

11. 與人交流，我會以全身的姿勢表達我在入神聽講。

12. 別人講話時我不急於插話。

13. 我善於聽取別人意見，而不將自己意見強加於人。

14. 與人交流時，我不輕易否定別人。

15. 我會積極引導別人把思想準確地表達出來。

16. 聽取批評意見時，我不會激動。

17. 當我不明白對方所說的意思時，我會提出來。

18. 我認為自己能在企業各個層面上清楚地進行交流。

19. 我的朋友評價我是一個值得信賴的人。

20. 我的同事認為我和藹可親。

答案填寫處：

1._____　　2._____　　3._____　　4._____　　5._____

6._____　　7._____　　8._____　　9._____　　10._____

11._____　　12._____　　13._____　　14._____　　15._____

16._____　　17._____　　18._____　　19._____　　20._____

計分評估：

請分別地計算在你的答案中：

選擇 A 的數目 _____(A)　　　選擇 B 的數目 _____(B)

選擇 C 的數目 _____(C)　　　選擇 D 的數目 _____(D)

選擇 E 的數目 _____(E)

然後按照下面的公式計算出原始分數：_____(R)

R=A×5+B×4+C×3+D×2+E

最後，請按照下表所列的規則，根據你的原始分數 (R)，找出相應的排名值 (P)。

溝通能力常模對照表

R	P(%)	R	P(%)	R	P(%)	R	P(%)	R	P(%)	R	P(%)
20	0	35	3	50	17	65	48	80	79	95	96
21	0	36	4	51	19	66	50	81	81	96	96
22	0	37	4	52	21	67	52	82	83	97	97
23	1	38	5	53	22	68	55	83	84	98	97
24	1	39	6	54	24	69	57	84	86	99	97
25	1	40	6	55	26	70	59	85	86	100	98
26	1	41	7	56	28	71	61	86	88		
27	1	42	8	57	30	72	64	87	89		
28	1	43	9	58	32	73	66	88	90		
29	1	44	10	59	34	74	68	89	91		
30	2	45	11	60	36	75	70	90	92		
31	2	46	12	61	39	76	72	91	93		
32	2	47	14	62	41	77	74	92	94		
33	3	48	14	63	43	78	76	93	94		
34	3	49	16	64	45	79	78	94	95		

專家提示

當你查到自己測試結果的排名值 (P) 以後，你就知道了自己溝通能力的排名情況。如果你的排名值要高於 50，那就表明：你在這個測試上所衡量的溝通能力比一般人要高。

溝通需要技巧，也需要經驗。從心理學角度觀察，當對方與你交談時，你需要用眼睛看著對方，這樣能夠促進理解程度，這樣做有幾個好處，首先，你注視對方，

能夠保持必要的注意力，對方傳遞出來的資訊，能被你完整地接收，能促使你更有效率地理解問題。同時，談話者見到你如此關注，就會激發他的自我滿足感。再如你的回饋，你是否善於讚美對方、是否善於鼓勵對方等等，都是有關溝通的問題。

這只是溝通需要注意問題的很少一部分，溝通技巧遠不止這一些，它包括的方面很多，以上測試中的許多小點，都是溝通應注意的問題，這些小點可以說是溝通的技巧與經驗，如果你得分很低，希望你從這些方面嚴格要求自己，努力提高自己的溝通能力，從而保證自己的合作能夠順利、愉快地進行。

5. 你是一個關心他人的人嗎

合作能力強的人，必然是一個會關心他人的人。因為，他知道合作的意義和重要性，他能處處為合作者著想，支持、鼓勵自己的合作者，他更有很強的理解能力，不氣、不惱，更不會多疑和剛愎自用。正因為他關心別人，所以別人也願意與他交往，與他真誠地合作。

那你是一個關心他人的人嗎？下列測試會幫助你瞭解自己。

測後講評：

1. 本測試測量你是否關心他人，請根據你的實際情況，選擇最符合自己特徵的描述。

2. 在選擇時，請根據自己的第一印象回答，請不要作過多思考。

3. 每題僅需回答「是」或「否」即可，可在題前序號上用「√」或「×」表示。

開始測試：

題目	
1. 你會盡可能地幫助需要幫助的朋友、同事嗎？	
2. 你在參加討論時，常常不能耐心聽取別人的發言嗎？	
3. 你能主動與同事交流感情嗎？	
4. 當有人遭受感情創傷時，你能理解同情嗎？	
5. 你作決定時徵求別人意見嗎？	
6. 你鼓勵同事出謀劃策嗎？	
7. 你是否認為同事之間關係不可過於密切？	

8. 你能容忍朋友有怪癖嗎？	
9. 你是否真心實意地聽取同事簡報？	
10. 你是否按照一成不變的清規戒律看待別人？	
11. 你是否把人分成各種「類型」，而不認為是具有多面性的綜合體？	
12. 你的朋友之間發生分歧，你是否很快就支持其中一方，反對另一方？	
13. 你能接受與自己不同的工作方法嗎？	
14. 你批評人時能從積極的角度出發嗎？	
15. 你會因某些微不足道的煩惱而怒形於色嗎？	
16. 如果同事對你表示不滿意，你惱怒嗎？	
17. 人的態度是可以改變的，這一點是否同意？	
18. 你鼓勵同仁自我設計嗎？	
19. 你為同仁創造的好成績感到驕傲嗎？	
20. 當同仁與你產生意見分歧時，你能容忍嗎？	

計分評估：

第2、7、10、11、12、16題每回答一個「否」加5分，其餘各題，每回答一個「是」加5分。計 _____ 分。

專家提示

80～100分

你是一位敏感、細心、有人情味的人，對待朋友、同事誠懇，因此很多人願為你效命。你樂於幫助朋友實現自己的抱負，以他們的成就為驕傲。從容而自信，深受朋友擁戴。

55～75分

關心朋友、同仁，既民主又講求效率，偶爾也有個人主義傾向。大部分人喜歡與你共處，因為你肯接受不同意見。

30～50分

生性多疑，脾氣暴躁，剛愎自用。應該認識到，信任是雙向的，要得到它，必先給予。朋友對你怨言與不滿頗多，彼此之間也常鬧得不愉快。只要你不把朋友們

視為不懂事的孩子，而是把他們看成有頭腦與責任心的成年人，很多緊鎖的心扉就會向你敞開。

30 分以下

不懂也不會關心他人，應好好看看自己的生活環境，因為你不是生活在真空裡。

▌6. 合作能力評估

在今天以扁平、多功能、虛擬化為特色的組織中，能否在團隊中工作已經成為衡量成功的最基本標準。下列 25 題，選自成功企業對員工的合作能力、評估試題，旨在幫助你瞭解自己對團隊工作的態度和你在團隊中的工作經驗，同時需要提醒的是，這些試題常常是企業偏愛的問題，它們常被企業作為員工合作能力評估的標準試題，請認真思考，給出一個自己認為最滿意的答案：

1. 請給合作下個定義。

2. 你喜歡和什麼樣的人一起工作？

3. 你覺得和什麼樣的人很難在一起工作？

4. 談談你的這樣一次經歷：對於一個讓你停下手頭所有事情來幫助的人，你拒絕了他。

5. 談談你所經歷的一次團隊分裂事件。為什麼會發生這種事？你從中吸取了什麼教訓？

6. 談談你所做的這樣一項工作或專案，在該工作中你需要從各種不同的管道中收集資訊，並對資訊進行整合，以解決企業所面臨的問題。

7. 你怎樣安排和利用閒暇時間？

8. 你是如何作為一名團隊成員進行工作的？

9. 你如何與那些背景和價值觀與自己相差很大的人相處？

10. 你是喜歡與別人一起工作，還是自己一個工作？

11. 你在第一份工作中養成的好或壞的工作習慣是什麼？

12. 談談你評估風險的辦法。

13. 你的團隊夥伴跟你說什麼事會足以使你對他喪失信心？

14. 你如何與自命不凡的人打交道？

15. 你如何與合作夥伴相處？

16. 作為團隊成員你具備什麼樣的品質？請具體說明。

17. 基於你對別人的認識和瞭解，你能預測他們的行為嗎？

18. 談談你作為一名團隊成員所取得的具體成就。

19. 談談你的這樣一次經歷：你所在的團隊曾經在工作中做出了情緒化的決策。而後發生了什麼事？你們是如何處理的？

20. 談談你的這樣一次經歷：你的團隊拒絕了你的建議。你是怎樣勸說團隊接受你的觀點的？

21. 在團隊中，是否曾有人壓制過你，或不讓你有說話的餘地？你是如何對待這種事的？

22. 在任何團隊中，成員的能力水準各不相同。這種能力上的差異是顯而易見的，而且團隊成員自己也認可這種分佈。這就如同把 10 個人放在一間屋子裡，他們會很快從高到低排出個順序來。問題是：你認為在組織中，對團隊成員進行正式的排序有用嗎？

23. 作為團隊成員，你如何看待自己的角色？

24. 作為團隊成員，你如何看待一個工作不賣力的人？

25. 談談你與其他團隊成員發生衝突的經歷。

專家提示

相信我們每個人小時候都當過「拆卸工」，拆卸各種電子器件，尤其是手錶，你把手錶拆開後，你是否發現裡面的各種齒輪都「緊緊擁抱」，正是它們的這種「緊密擁抱」才使得手錶為我們提供了分秒不差的時間，這就是相互配合。團隊合作也是一樣，要想使團隊發揮其最大的效能，作為其中每一個「齒輪」的員工必須「緊緊擁抱」，要做到這一點，合作能力至關重要，沒有或缺乏合作能力，整個團隊就像一堆散落的「零件」一樣，無法運行。

第九章　合作能力測試

　　以上試題，是成功企業對員工合作能力評估的標準試題，也許你會奇怪，書中沒有提供問題的答案，的確，成功企業並未為員工提供什麼標準答案，因為他們知道，以上問題有好壞之分，答案無對錯之別，在詢問之後，評估也尚未結束，而是進一步追問：為什麼？能否給我們舉個例子？你現在依然這麼認為嗎？等等問題。成功企業對員工進行評估時，他們不但注意員工說了什麼，而且還注意是怎麼說的。比如，這個人始終保持目光的接觸嗎？他的聲音有不誠實感嗎？他是否坐立不安？他是否表現出自信？他的熱情程度如何？在進行評估時這些因素和答案一樣重要。如果自己進行評估，你很想得到一個評估結果，你可以用紙寫出以上所有問題的答案，而後試著自己給自己打分，捫心自問自己的團隊合作能力如何？更好的做法是，可以請你的朋友、關係較好的同事，甚至是上司或者管理方面的專家為你打分，從而瞭解自己的合作能力。

第十章 創業能力測試

為何你有創業的欲望？你真的想為自己工作嗎？走上創業這一條路一定要有正面的理由，還要有自信能夠滿足市場的需求。除此之外，你是否問過自己：我的創業能力如何呢？我具備創業者的素質嗎？我該自己創業嗎……自主創業的確是一個很有吸引力的選擇，儘管如此，你仍應該在慎重思考之後再做決定。

▌1. 創業能力自測自查

這是歐洲流行的測試題，共 33 題，測試時間 25 分鐘，最大分值為 33 分。如果你已經準備就緒，請開始計時。

第 1 ～ 12 題：仔細閱讀下列各題，給出切合自己和自己認為最滿意的答案，將答案寫下來。

1. 你在公司的環境中工作多少年了？

2. 促使你成為經理人的要素是什麼呢？

3. 如果你的老闆告訴你，下周你被炒魷魚了。你的反應會是什麼呢？

4. 如果你能改變工作中的一樣事情。你希望它是什麼？

5. 你無法認同的公司規則有哪些呢？

6. 你覺得其他員工對你的看法是怎樣的？

7. 與人會面時，如果別人讚揚你的工作。你的感覺是什麼？

8. 如果你離開公司，後來創業又失敗了，你會考慮到另一家公司去打工嗎？

9. 你對你公司的文化持有什麼看法？

10. 你覺得你和公司老闆的關係怎麼樣？

11. 如果離開公司，你最念念不忘的是什麼？

12. 如果公司行政總監給你一份夢寐以求的工作和薪水福利，與自己開辦公司相比較，你會怎麼看？

第 13 ～ 33 題：下列各題請憑第一印象回答，僅需回答「是」或「否」即可，可在題後橫線處用「√」或「×」表示。

13. 你是否有很強的計畫技能？ _____

14. 當事情發展不如意時，你是否能及時調整自己的方向呢？ _____

15. 你有經商的知識或技能嗎？ _____

16. 你在市場有自己獨特的產品或服務嗎？ _____

17. 你是否善於激勵自己？ _____

18. 你是否對模糊性或不確定性具有很強的忍耐力？ _____

19. 你是否易給別人留下良好的第一印象呢？ _____

20. 你認為自己的交際能力很強嗎？ _____

21. 你的產品或服務是否有合理的利潤空間？ _____

22. 你是否具備創業的資本？ _____

23. 你是否有創業精神？ _____

24. 你瞭解產品或服務的目標人群嗎？ _____

25. 在短期內，你願意放棄工作與生活之間的平衡嗎？ _____

26. 有時需要超負荷工作，你願意嗎？ _____

27. 你願意承擔風險嗎？ _____

28. 你有有效策略應對高度壓力嗎？ _____

29. 在必要的時候，你願意讓別人為你工作嗎？ _____

30. 如果你創業失敗，你有退路嗎？ _____

31. 你有足夠的資金渡過創業的初始階段嗎？ _____

32. 你是否瞭解自己的競爭者狀況？ _____

33. 你的產品或服務能趕上或超過競爭者嗎 _____

參考答案及計分評估：

第 1 ～ 12 題

1. 如果你工作了 5 到 20 年，給自己加一分。這麼長的時間足夠為你創辦新企業積累豐富的資產和技能。

2. 如果你選擇的是「安全感」，請給自己加一分。

3. 如果你的答案是憂喜交加，給自己加一分。如果只感到擔憂，不能得分。

4. 多數從公司退下來的成功經理人都選擇改變工作中相對地缺乏決策權。如果你的答案是「更多的決策權、更大的影響力、少些禁忌」，請給自己加一分。

5. 如果你的答案是「集體決策、寫備忘條、會議不斷、嚴格的上下班時間、不公平的獎金制度」，請給自己加一分。

6. 如果別人把你看成局外人、闖禍者、單幹分子或不入流的傢伙，給自己加一分。

7. 別人對你的公司或者職位大加讚賞時，你無動於衷。如果你對公司和自己的職位誇誇其談，則不能得分。

8. 不會。正確的答案是另外開辦一家新公司。

9. 你公司的文化鼓勵激烈的競爭、執行有條不紊的等級升遷制度。其中任何一條都可以給你增加一分。

10. 許多很有潛力的企業家認為，他們的老闆限制了他們的個人成就。

11. 「錢、福利、名氣」等都是可以接受的答案。如果你的答案是「與其他員工的合作，實現一個具體專案的獎賞」，則不能得分。

12. 你的答案應該是，「這是一個很困難的決策。不過，沒有什麼能夠比得上自己創業的機會。」

第 1 ～ 12 題，計 _____ 分。

第 13 ～ 33 題

每回答一個「是」或打一個「√」得 1 分，計 _____ 分。

第十章　創業能力測試

專家提示

對於選擇創業還是不創業，這 33 個問題中，沒有一個問題能為你提供充足的理由。但是考慮到創業的特殊性，這些問題都很重要，值得你認真思考。經過以上測試，你對自己的創業能力能有一個大致的瞭解：

如果你的得分在 0～10 分，說明你最好在職場中選擇一份穩定的工作，別再考慮自己創業的事情，坦白說你不具備自主創業的能力，一份固定的工作，是你成功的最大希望；

如果你的得分在 11～20 分，說明你比前者更具有創業的優勢，你可以走創業之路，但前提條件是，你必須更進一步完善、提高自己，建議你從上述 33 題開始。

如果你的得分在 21～33 分，說明你完全有潛質成為一名成功的企業家，你擁有許多人無法比擬的創業優勢，你完全應該獨立創業。但切忌太過自信，低調一點，你成功的機會更大。

2. 你具備創業者的素質嗎

創業者需要具備哪些素質，歷來是眾說紛紜。有專家指出了成功的創業者需要具備：資源、想法、技能、知識、人際關係網路和目標等條件。

那麼你是否具有創業者的素質呢？

測後講評：

本測試由一系列陳述句組成，請根據自己的實際情況，選擇最符合自己特徵的描述，測試時間為 5 分鐘。

答案選擇標準如下：

A. 非常符合　　　B. 有點符合　　　C. 無法確定

D. 不太符合　　　E. 很不符合

開始測試：

1. 曾經為了某個理想而定下兩年以上的長期計畫。

2. 能自動地完成分派給自己的工作。

3. 喜歡獨立完成自己的工作，並且做得很好。

4. 朋友常常詢求我的建議。

5. 求學期間，我就有賺錢的經驗。

6. 喜歡在競爭中看到自己的良好表現。

7. 當我需要別人的說明時，我能充滿自信地要求，並能說服別人來幫我。

8. 我有能力安排一個環境，能使我在工作時不被打擾。

9. 我交往的朋友中，有一群有成就、有智慧、有遠見、老成穩重的人。

10. 我在工作或者學習團體中，被認為是一個受歡迎的人。

11. 我認為自己是一個理財高手。

12. 我可以為賺錢而犧牲個人娛樂。

13. 我總是獨自擔負起責任。

14. 在工作時，具有足夠的耐心與毅力。

15. 我能在很短的時間內，結交很多的朋友。

16. 我曾經被推舉為領導者。

17. 對於工作我總是先要徹底地瞭解其目標。

18. 我關心別人的需要。

19. 我認為自己從不固執己見。

20. 我總是想要比別人做得更好。

答案填寫處：

1._____   2._____   3._____   4._____   5._____

6._____   7._____   8._____   9._____   10._____

11._____   12._____   13._____   14._____   15._____

16._____   17._____   18._____   19._____   20._____

第十章　創業能力測試

計分評估：

請分別地計算在你的答案中：

選擇 A 的數目 _____(A)　　　選擇 B 的數目 _____(B)

選擇 C 的數目 _____(C)　　　選擇 D 的數目 _____(D)

選擇 E 的數目 _____(E)

然後按照下面的公式計算出原始分數：_____(R)

R=A×5+B×4+C×3+D×2+E

最後，請按照下表所列的規則，根據你的原始分數 (R)，找出相應的排名值 (P)。如果你的分數高於 63 分，即你相應的排名值高於 50，那說明你的創業素質還可以，至少可以肯定你具備創業的潛力。

創業素質常模對照表

R	P(%)	R	P(%)	R	P(%)	R	P(%)	R	P(%)	R	P(%)
20	0	35	2	50	18	65	56	80	89	95	99
21	0	36	3	51	19	66	58	81	90	96	99
22	0	37	3	52	21	67	61	82	91	97	99
23	0	38	4	53	24	68	64	83	92	98	99
24	0	39	4	54	26	69	67	84	93	99	99
25	0	40	5	55	28	70	69	85	94	100	100
26	0	41	6	56	31	71	72	86	95		
27	1	42	7	57	33	72	74	87	96		
28	1	43	8	58	36	73	76	88	96		
29	1	44	9	59	39	74	79	89	97		
30	1	45	10	60	42	75	81	90	97		
31	1	46	11	61	44	76	82	91	98		
32	1	47	13	62	47	77	84	92	98		
33	2	48	14	63	50	78	86	93	98		
34	2	49	16	64	53	79	87	94	99		

專家提示

創業者需要具備哪些素質，歷來是眾說紛紜。有專家提出了 RISKING 理論，即成功的創業者需具備的 7 種條件：資源 (Resources)、想法 (Ideas)、技能 (Skills)、知識 (Knowledge)、才智 (Intelligence)、關係網路 (Network) 和目標 (Goal)。

1. 資源：它的含義廣泛，包括人力、物力和財力，一切能夠應用於創業中的有形或無形的力量都可以歸入資源的範圍。對創業者創業最重要的資源是好的專案、資金和人力資源。好的項目意味著有市場，有贏利的可能。資金顯然是創業的重要基礎，因為創業的實現需要運作，而沒有資金，任何市場運作都是空中樓閣。著名管理學家西蒙曾經說過，管理，歸根到底是對人的管理，可以說，任何創業都離不開人力資源，對創業初期來說，最重要的人力資源當然是合作者，只有在價值觀念、生活態度和創業理念上比較一致的人才有可能進行親密無間的合作，而創業本身就意味著風險，沒有優秀的合作者，失敗的可能就更大。

2. 想法：指的是創業設想，它應該具有市場價值，能夠在一定時期內產生利潤；它必須具備現實可行性，能夠付諸實踐；它應該比較有新意。好的創業設想是成功的種子，如果想法都不具備成功的可能，比如沒有現實可行性，沒有創新，沒有潛在市場，那麼再多的努力也只能付之東流。

3. 技能：技能的範圍非常廣泛，但從根本上說，它一定是實用的，可以是專業技能，比如設計軟體；也包括一般的管理技能和行動能力，比如一個人在人群中總是處於領導者的角色，那麼，他就是擁有一定的領導技能。

4. 知識：基本上涵蓋了創業過程中所有的知識，既有所涉及的行業的一般知識，又包括創業中必需的商業、法律、財務等方面的知識。當然，並不是要求創業者什麼都精通，因為可以請專業人員幫助，但基本的知識和概念應該掌握，重要的是，知識是個人認識世界的基礎，反映的是創業者的眼界以及思考的領域。

5. 才智：並不等於智商，而是包括智商和情商兩方面，指的是創業者觀察世界、分析問題、思考問題和解決問題的能力。它接近於智慧的概念，也就是說，通過理論學習和實踐，個人具備了觀察問題、分析問題和解決問題的力量。

6. 關係網絡：它並不是貶義的搞關係、走後門，而是正常的人際關係，是一個人具有人際親和力的表現。俗話說，一個好漢三個幫，單打獨鬥在現代社會不太現實，而且也與現代的雙贏思想不合。創業者需要建立良好的人際關係網路，包括合作者、服務物件、新聞媒體甚至是競爭對手。良好的人際關係網路實際上意味著個人能夠調動的資源其深度與廣度，是個人實力的一個重要方面。

7. 目標：創業者必須具備的素質之一就是對目標的把握，一方面是創業目標必須明確，即具有確定的創業方向，只有這樣才能做出準確的市場定位，整個團隊才

能集中精力、朝著特定目標前進，不至於分散精力、浪費資源，同時有利於形成良好的組織氛圍。另一方面，是對個人的要求，創業者應該具有認准目標並且堅定不移地努力實現目標的精神，只有執著於自己目標的人才可能成功。

▌3. 你的創業計畫可取嗎

在你確定自己具備創業者的素質之後，你不必急著立刻走上創業之路，你還必須評估一下你的創業計畫是否可取才行。你可以探索以下這些問題：

1. 你能否用語言清晰地描述出你的創業構想？

想法必須明確。你應該能用很少的文字將你的想法描述出來。根據成功者的經驗，不能將這想法變成自己的語言的原因大概也是一個警告——你還沒有仔細地思考吧！

2. 你真正瞭解你所從事的行業嗎？

許多行業都要求選用從事過這個行業的人，並對其行業內的方方面面有所瞭解。否則，你就得花費很多的時間和精力去調查，如價格、銷售、管理費用、行業標準、競爭優勢等等。

3. 你看到過別人使用過這種方法嗎？

一般來說，一些經營很好的企業的經營方法比那些特殊的想法更具有現實性。有經驗的企業家中流行這樣一句名言：「還沒有被實施的好主意往往可能實施不了。」

4. 你的想法經得起時間的考驗嗎？

當未來的企業家的某項計畫真正得以實施時，他會感到由衷地興奮。但過了一個星期、一個月甚至半年之後，將是什麼情況？它還那麼令人興奮嗎？或已經有了完全不同的另外一個想法來代替它。

5. 你的設想是為自己還是為別人？

你是否打算在今後5年或更長的時間內，全身心地投入到這個計畫的實施中去？

6. 你有沒有一個好的人際網路？

　　創業的過程，實際上就是一個組織供應商、承包商、諮詢專家、雇員的過程。為了找到合適的人選，你應該有一個服務於你的個人關係網。否則，你有可能陷入不可靠的人或濫竽充數的人之中。

7. 明白什麼是潛在的回報？

　　每個投資創業，其最主要的目的就是賺最多的錢。可是，在儘快致富的設想中隱含的決不僅僅是錢。你還要考慮成熟感、愛、價值感等潛在回報。如果沒有意識到這一點，那就必須重新考慮你的計畫。

專家提示

　　經過自我分析後證明你適合創業，同時你也能正確回答上述幾個問題，那麼你創業成功的勝算將會很高，你可以決定著手去創業。但是創業也並不是你一時衝動所決定的，如果創業前你舉棋不定，最好還是選擇工作這條路。因為，儘管你現在有機會創業，你的動機不錯，想法也很棒，但是基於市場、經濟能力、家庭等因素的考慮，現在也許不是你創業的好時機。

　　總之，你創業必須要有相當的競爭力，而且只有你自己才能決定怎麼做最恰當。成事不易，創業更難。選擇創業這條路，自然而然地你會憧憬成功的景象，而不會想到萬一失敗的問題——因為一開始就想到失敗，未免太消極也太不吉利。然而，往壞處打算儘管令人不愉快，卻是創業之初應該考慮清楚的。

4. 你該自己創業嗎

　　開辦自己的企業能夠帶來非常誘人的回報。不過，在你決定自己創業之前，還請看看以下問題。

　　在人們眼中，企業家是能夠獨立承擔風險、頗富創新意識的偶像。與此相對，經理人去企業謀職，參與團隊工作。如果從經理人轉變為一個企業家，這應該是什麼樣呢？

　　讓我們先設想一下，自己是一次船難事件的惟一倖存者，被困在一座孤島上。一分鐘以前，你的飲食、娛樂等所有需求都有人照顧周全；現在這一切突然沒有了。

你如何才能活下去，如何保持自己的士氣呢？如果一時無人搭救，你會喜歡上這種新生活嗎？

從經理人轉向企業家的旅途充滿艱難險阻。你有充分準備去迎接這一挑戰嗎？

你是不是企業家的料？自己創業聽起來蠻不錯，自己當老闆，自己決定一切。不過，先請問問自己以下幾個問題，看一看自己的成功機率會有多大：

1. 你有多懷念在公司的工作？

一些人對在公司的工作十分懷念，也做得很有成就。

2. 你為什麼要離開公司？

有可能創業成功的經理人之所以離開他們的公司，是因為他們有一個了不起的新創意。這種新創意是一種能量的源泉，可以補償你作為獨立商人時的資源匱乏。

3. 你的人際關係如何？

與各種不同行業的人建立關係，是你不斷開拓業務的關鍵技能。

4. 你如何應付一種不同的壓力？

作企業家，很難把個人生活與商業困境分離開來。你要知道，如果失去一個顧客，這個顧客拒絕的是你，而不是你的公司。

5. 現在是合適的時機嗎？

當你離開公司創業時，你是否考慮過你的財力、物力、經驗如何？

6. 你真的想自己作老闆嗎？你一人獨力支撐時，該如何去面對？

因為你的顧客、合作夥伴、投資者隨時都可以做你的老闆。他們和公司裡那些只顧自己的老闆一樣，會令你的生活不堪重負。

7. 你是否期盼著成為企業家？

如果答案是否定的，最好三思。你必須要有作企業家的那一股激情，才有可能驅使自己走向成功。

8. 你能夠放棄哪些東西呢？

在決定離開公司的時候，一些經理人只顧想著它的種種好處。其實，作為企業家，還有一些損失也許你會覺得難以承受。

你將承受的損失：

固定的工資收入——等待投資回報的時間十分令人焦心。如果你習慣了每月按時收到薪資單的生活，這種難受尤甚。

資源——作為企業家，大部分工作都必須你自己來做，因為所有資源都用來支付酬金。

個人時間——企業家的工作時間較經理人更長，更沒有規律。

有薪假期——作為企業家，休兩周的假回來，你得加倍努力工作以補償休假的時間。

公司運作——你對公司在其特殊文化中的運作是否會念念不忘？

獎賞——在創業初期，你不可能享受到原來公司的那些獎賞。

地位——許多經理人對其在著名企業中的職位和關係捨不得。

9. 你適合哪條創業途徑？

你會選擇一條最順暢的途徑，開辦一個跟你在公司工作中相近的業務；還是另闢蹊徑，創辦一個與你目前工作毫不相干的企業？

你可以選擇最順暢的那條途徑，如果你不太願意進入一個沒有接受過訓練的領域，而且你也對自己在作經理人時所學到的各種技巧感到頗為自豪。

要選擇另闢蹊徑，一般是因為你對自己原來的工作不滿意，或者不想老做一樣的事，或對自己工作中認為應該做的改變無能為力，想一切從頭開始。

10. 如何做出重大決策？

在作經理人時，你曾經做出過牽涉到大筆金額、眾多員工和產品或服務成功的重大決策。但是，拿出你自己的錢去冒險，和拿公司的錢去冒險全然是兩碼事。

第十章　創業能力測試

你將面臨的問題：

評估風險——以下問題可以幫助你決定該承擔多大的風險：這是我能夠做到的事情嗎？不僅是現在，在今後幾年裡，我真的願意參與這單生意嗎？我承擔這一風險的機會成本有多大？

回報——最明顯的回報就是利潤。不過，不要因為目前沒有多少事情做，就去接受一些沒有多大風險、也沒有多少經濟回報的業務，因為你有可能碰到一個贏利豐厚的業務，卻因為承接這種業務而只好給予回絕。

非金錢的回報可能為將來的利潤打下基礎——在接受有這種回報的業務之前，請問問自己以下問題：這能幫助你打開你想進入的市場嗎？是否能夠給你引見可能建立長期利益關係的人員？可不可以幫你加強市場形象？

為人標準——以前，你可以把公司的處事方式與你個人的為人標準區分開來。現在，作企業家，你必須找一個自己能接受的解決方案。例如，如果一個潛在客戶給你一筆生意，但要你給他回扣，你會怎麼辦？如果你得知這是你這個行業的規矩，怎麼辦呢？

競爭對手——大企業用來對付競爭對手的武器，比如減價戰、廣告以及促銷，你可能無能為力。但作為企業家，你也有一些大企業所沒有的競爭工具。

速度——你沒有什麼委員會去商量對策。因此，較機構重重的大公司反應敏捷。

鮮明的個性——顧客深深地受到你的吸引，如你經營企業的方式、你的才能以及經驗等。大企業太缺乏自己的個性了。

利用自己的創業優勢——你可以通過自己的創業資源，而不是財務資源與對手一較高低。你不必與競爭對手大打價格戰，而是可以通過增加一項重要的新服務、在群眾中發起促銷活動，或尋找改善品質的方法來與之抗衡。

決策時你應該留心的陷阱：

作為企業家你擁有絕對的自由，沒有人會對你的決策提出任何的質疑。因此，這些你必須當心以下陷阱：

誤用資源——在你那裡，時間、金錢和才能任由你使用。但是，如果亂搞一氣，你的生意就會吃大虧。對能幫你生存的項目，要優先進行考慮。不要在只能改善形

象或者帶來更大方便的項目上亂花費用。在請幫手和自己親自處理上，要有一個平衡點。

不要過於敏感失誤——你的失誤會帶來直接後果，如發錯貨可能致使一個客戶立刻與你斷絕關係。作為企業家，冒風險時，要謹而慎之。如果出現失誤，不要過於敏感。接受事實，從中吸取教訓。

聘人失誤——不要聘用那些適合工作，卻與你合不來的人員，也不要聘用那些沒有心理準備面對新辦企業壓力的人。

找錯合夥人——如果你需要合夥人的錢來開辦或維持企業，或者這個合夥人幫助你設計了這個企業的構思，或者他有你需要的技巧，那麼就請他加入你的公司。不要用合夥的關係來聘人，或者你需要他為你鳴鼓吹號。

缺乏客觀性——不要把未經試驗的創意隨手扔在一邊。如果用這種創意來做生意，也得留心其中可能的陷阱。自問一下：你是否得花大力氣來宣傳你的產品或者服務？你具有足夠的資金、技能、人手和業務關係嗎？

找錯潛在銷售客戶——你沒有必要在那些沒有決策能力的人身上浪費你的時間。

被勝利衝昏頭腦——你第一步的成功全靠你的創意好、時機合適、運氣不錯和良好的業務關係。不過，這一切隨時都可能離你而去。因此，不要太過自信，一股腦投入過量的資金，使自己陷入泥淖。

▌5. 你具備成功創業者的品質嗎

根據對眾多創業者的調查，成功的創業者應具備以下品質，請結合自己生活中的實際情況想一想，自己是否具備成功創業者的品質：

1. 誠實和謙虛

誠實和謙虛是為人的美德，在社會大環境中，誠實和謙虛可以贏得別人對自己的信任。

2. 克制和忍耐

克制力和忍耐力是衡量一個人有無堅強意志的代表。如果一個人缺乏克制力和忍耐力，快意恩仇，勢必經常發脾氣，而發脾氣又使人喪失理智，會弄得人際關係緊張，影響工作關係，有可能導致創業的失敗。要想創業成功，必須要主動地強迫自己去幹自己最不想做的事情，而這往往是最需要你的克制和忍耐。

3. 熱情和責任感

創業者是企業的核心，他對事業的熱情必會感染企業的職員，從而將各項工作搞得有聲有色。同時，只有強烈的責任感、使命感，才能使創業者無論遇到什麼樣的困難，都有完成事業的決心。

4. 積極性和創造性

創業是一種需要全身心投入的事情，積極的態度才能使創業成功。在這個過程中，沒有人會幫創業者部署安排，沒有人會幫創業者決策計畫，面臨困難、問題、危機，創業者只有積極去尋求，才能取得應有的創業效益。

具有創造性的精神，才能讓創業者發揮自己的潛能，打破各種條條框框，開創新的局面。

5. 公道正派

公道正派和對事業的無私，會使創業者身上產生巨大的向心力和凝聚力。

6. 信心

對於創業的成功，自信心是首要的。

▌6. 你的性格適合創業嗎

人的性格豐富多彩 (在第三章中有完整展示)，性格可以主導人生，人也可以改變性格。經過調查研究，專家們發現了有以下幾種性格的人往往創業很難成功，或者說他們不適合創業，除非他們改變這些性格。那你的性格適合創業嗎？一看便知：

1. 缺少職業意識的人

職業意識是人們對所從事職業的認同,它可以最大限度地激發人的活力和創造性,是敬業樂業的前提,如職業運動員、職業演員等,他們具有較強的職業意識。而一些工薪人員卻對所從事的工作缺少職業意識,只滿足於機械地完成自己分內的工作,對自己要求不高,缺少進取心,工作中缺少積極主動性。這與激烈競爭的環境是不相宜的,自主創業也缺乏動力。

2. 優越感過強的人

這種人自恃才高,我行我素,脫離集體,與集體的關係難以融洽。沒有好的人緣,自然難以成功。

3. 只會說「是」的人

這種人缺少獨立性、主動性和創造性,若進行自主創業,也只能是因循守舊,難以開拓性地工作,對公司的發展不利。

4. 偷懶的人

這種人被稱作「薪資小偷」。他們付出的勞動與工資不相符,閒置時間過多,只會發牢騷、閒聊,每天堂堂正正地晃來晃去,浪費時間,影響工作。這種行為實際是一種變相地盜竊,自主創業自然難以成功。

5. 片面與傲慢的人

有的人只注意別人的缺點,看不到別人的優點。或明知別人的缺點,卻不能向好的方面引導。有的人喜歡貶低別人,抬高自己,總認為自己是強者,搞自我本位,搞自我中心,人格方面存在很大的缺陷。這兩種人弱點明顯,即使有能力,也不可能取得創業的成功。

6. 僵化死板的人

這種人做事缺少靈活性,對任何事都只憑經驗教條處理,不能靈活應對。習慣於將慣例當成金科玉律,不能適應迅速變化的形勢和環境。

7. 感情用事的人

處理任何事情都要理智，感情用事者往往以感情代替原則，想如何幹就如何幹，不能用理智自控。這對自主創業是極為不利的。

8.「多嘴多舌」與「固執己見」的人

多嘴多舌的人，不管什麼事，他們都插話說幾句；固執己見的人，從不傾聽別人的意見。不過，要把這兩種人與有自己獨立見解、堅持正確意見的人區別開來。

9. 虛偽的人

這種人表裡不一，表面上恭維人，待人非常禮貌客氣，內心卻完全相反，看不起別人，背地裡我行我素，這種人會產生消極影響。

國家圖書館出版品預行編目（CIP）資料

職商：職場生存術 / 周元如 、劉燁 著 .-- 第一版 .
-- 臺北市：崧博 , 2019.10
　面；　公分
POD 版

ISBN 978-957-735-927-8(平裝)

1. 職場成功法

494.35　　　　　　　　　　　　　　　　108016470

書　　名：職商：職場生存術

作　　者：周元如 、劉燁 著

發 行 人：黃振庭

出 版 者：崧博出版事業有限公司

發 行 者：崧燁文化事業有限公司

E - m a i l：sonbookservice@gmail.com

粉 絲 頁：　　　　　　網 址：

地　　址：台北市中正區重慶南路一段六十一號八樓 815 室

8F.-815, No.61, Sec. 1, Chongqing S. Rd., Zhongzheng

Dist., Taipei City 100, Taiwan (R.O.C.)

電　　話：(02)2370-3310 傳　真：(02) 2388-1990

總 經 銷：紅螞蟻圖書有限公司

地　　址：台北市內湖區舊宗路二段 121 巷 19 號

電　　話：02-2795-3656 傳真：02-2795-4100　　　網址：

印　　刷：京峯彩色印刷有限公司（京峰數位）

定　　價：299 元

發行日期：2019 年 11 月第一版

◎ 本書以 POD 印製發行